Cerasus

"十三五"国家重点图书出版规划项目
"中国果树地方品种图志"丛书

中国樱桃
地方品种图志

曹尚银　尹燕雷　冯立娟　杨雪梅　等 著

中国林业出版社

"十三五"国家重点图书出版规划项目
"中国果树地方品种图志"丛书

中国樱桃
地方品种图志

图书在版编目（CIP）数据

中国樱桃地方品种图志 / 曹尚银等著. —北京 : 中国林业
出版社, 2017.12
（中国果树地方品种图志丛书）

ISBN 978–7–5038–9403–9

Ⅰ. ①中… Ⅱ. ①曹… Ⅲ. ①樱桃—品种志—中国—图集
Ⅳ. ①S662.502.92–64

中国版本图书馆CIP数据核字(2017)第302739号

责任编辑: 何增明　张　华
出版发行: 中国林业出版社（100009 北京西城区刘海胡同7号）
电　　话: 010-83143517
印　　刷: 固安县京平诚乾印刷有限公司
版　　次: 2018年1月第1版
印　　次: 2018年1月第1次印刷
开　　本: 889mm×1194mm　1/16
印　　张: 12.5
字　　数: 400千字
定　　价: 198.00元

《中国樱桃地方品种图志》
著者名单

主著者： 曹尚银　尹燕雷　冯立娟　杨雪梅

副主著者： 唐海霞　崔冬冬　魏海蓉　田长平　曹秋芬　谢深喜　房经贵　李好先　李天忠

著　者（以姓氏笔画为序）

上官凌飞	马小川	马和平	马学文	马贯羊	马彩云	王 企	王 菲	王 晨	王文战
王合川	王亦学	王春梅	王斯妤	牛 娟	尹燕雷	邓 舒	卢晓鹏	田长平	冯玉增
冯立娟	纠松涛	曲雪艳	朱 博	朱 壹	朱旭东	朱妍妍	刘 恋	刘少华	刘贝贝
刘众杰	刘佳梦	刘科鹏	汤佳乐	孙 乾	孙其宝	李天忠	李好先	李贤良	李泽航
李帮明	李晓鹏	李章云	杨选文	杨雪梅	肖 蓉	吴 寒	邹梁峰	冷翔鹏	张 川
张久红	张子木	张文标	张伟兰	张全军	张克坤	张青林	张建华	张春芬	张晓慧
张富红	陈 璐	陈利娜	陈楚佳	苑兆和	罗 华	罗东红	罗昌国	周 威	郑 婷
郎彬彬	房经贵	孟玉平	赵亚伟	赵丽娜	赵弟广	赵艳莉	郝兆祥	胡清波	钟 敏
钟必凤	侯乐峰	侯丽媛	俞飞飞	姜志强	姜春芽	骆 翔	秦英石	袁平丽	袁红霞
聂 琼	聂园军	贾海锋	夏小丛	夏鹏云	倪 勇	徐小彪	徐世彦	高 洁	郭 磊
郭会芳	郭俊杰	唐海霞	唐超兰	涂贵庆	陶俊杰	黄 清	黄春辉	黄晓娇	黄燕辉
曹 达	曹尚银	曹秋芬	戚建锋	崔冬冬	康林峰	梁 建	葛翠莲	董艳辉	敬 丹
焦其庆	谢 敏	谢恩忠	谢深喜	蔡祖国	廖 娇	廖光联	熊 江	潘 斌	薛 辉
薛茂盛	魏海蓉								

总序一

Foreword One

　　果树是世界农产品三大支柱产业之一，其种质资源是进行新品种培育和基础理论研究的重要源头。果树的地方品种（农家品种）是在特定地区经过长期栽培和自然选择形成的，对所在地区的气候和生产条件具有较强的适应性，常存在特殊优异的性状基因，是果树种质资源的重要组成部分。

　　我国是世界上最为重要的果树起源中心之一，世界各国广泛栽培的梨、桃、核桃、枣、柿、猕猴桃、杏、板栗等落叶果树树种多源于我国。长期以来，人们习惯选择优异资源栽植于房前屋后，并世代相传，驯化产生了大量适应性强、类型丰富的地方特色品种。虽然我国果树育种专家利用不同地理环境和气候形成的地方品种种质资源，已改良培育了许多果树栽培品种，但迄今为止尚有大量地方品种资源包括部分农家珍稀果树资源未予充分利用。由于种种原因，许多珍贵的果树资源正在消失之中。

　　发达国家不但调查和收集本国原产果树树种的地方品种，还进入其他国家收集资源，如美国系统收集了乌兹别克斯坦的葡萄地方品种和野生资源。近年来，一些欠发达国家也已开始重视地方品种的调查和收集工作。如伊朗收集了872份石榴地方品种，土耳其收集了225份无花果、386份杏、123份扁桃、278份榛子和966份核桃地方品种。因此，调查、收集、保存和利用我国果树地方品种和种质资源对推动我国果树产业的发展有十分重要的战略意义。

　　中国农业科学院郑州果树研究所长期从事果树种质资源调查、收集和保存工作。在国家科技部科技基础性工作专项重点项目"我国优势产区落叶果树农家品种资源调查与收集"支持下，该所联合全国多家科研单位、大专院校的百余名科技人员，利用现代化的调查手段系统调查、收集、整理和保护了我国主要落叶果树地方品种资源（梨、核桃、桃、石榴、枣、山楂、柿、樱桃、杏、葡萄、苹果、猕猴桃、李、板栗），并建立了档案、数据库和信息共享服务体系。这项工作摸清了我国果树地方品种的家底，为全国性的果树地方品种鉴定评价、优良基因挖掘和种质创新利用奠定了坚实的基础。

　　正是基于这些长期系统研究所取得的创新性成果，郑州果树研究所组织撰写了"中国果树地方品种图志"丛书。全书内容丰富、系统性强、信息量大，调查数据翔实可靠。它的出版为我国果树科研工作者提供了一部高水平的专业性工具书，对推动我国果树遗传学研究和新品种选育等科技创新工作有非常重要的价值。

中国农业科学院副院长
中国工程院院士

2017年11月21日

总序二

Foreword Two

　　中国是世界果树的原生中心，不仅是果树资源大国，同时也是果品生产大国，果树资源种类、果品的生产总量、栽培面积均居世界首位。中国对世界果树生产发展和品种改良做出了巨大贡献，但中国原生资源流失严重，未发挥果树资源丰富的优势与发展潜力，大宗果树的主栽品种多为国外品种，难以形成自主创新产品，国际竞争力差。中国已有4000多年的果树栽培历史，是果树起源最早、种类最多的国家之一，拥有世界总量3/5果树种质资源，世界上许多著名的栽培种，如白梨、花红、海棠果、桃、李、杏、梅、中国樱桃、山楂、板栗、枣、柿子、银杏、香榧、猕猴桃、荔枝、龙眼、枇杷、杨梅等许多树种原产于中国。原产中国的果树，经过长期的栽培选择，已形成了生态类型众多的地方品种，对当地自然或栽培环境具有较好的适应性。一般多为较混杂的群体，如发芽期、芽叶色泽和叶形均有多种变异，是系统育种的原始材料，不乏优良基因型，其中不少在生产中还在发挥着重要作用，主导当地的果树产业，为当地经济和农民收入做出了巨大贡献。

　　我国有些果树长期以来在生产上还应用的品种基本都是各地的地方品种（农家品种），虽然开始通过杂交育种选育果树新品种，但由于起步晚，加上果树童期和育种周期特别长，造成目前我国生产上应用的果树栽培品种不少仍是从农家品种改良而来，通过人工杂交获得的品种仅占一部分。而且，无论国内还是国外，现有杂交品种都是由少数几个祖先亲本繁衍下来的，遗传背景狭窄，继续在这个基因型稀少的池子中捞取到可资改良现有品种的优良基因资源，其可能性越来越小，这样的育种瓶颈也直接导致现有品种改良潜力低下。随着现代育种工作的深入，以及市场对果品表现出更为多样化的需求和对果实品质提出更高的要求，育种工作者越来越感觉到可利用的基因资源越来越少，品种创新需要挖掘更多更新的基因资源。野生资源由于果实经济性状普遍较差，很难在短期内对改良现有品种有大的作为；而农家品种则因其相对优异的果实性状和较好的适应性与抗逆性，成为可在短期内改良现有品种的宝贵资源。为此，我们还急需进一步加大力度重视果树农家品种的调查、收集、评价、分子鉴定、利用和种质创新。

　　"中国果树地方品种图志"丛书中的种质资源的收集与整理，是由中国农业科学院郑州果树研究所牵头，全国22个研究所和大学、100多个科技人员同时参与，首次对我国果树地方品种进行较全面、系统调查研究和总结，工作量大，内容翔实。该丛书的很多调查图片和品种性状资料来之不易，许多优异、濒危的果树地方品种资源多处于偏远的山区村庄，交通不便，需跋山涉水、历经艰难险阻才得以调查收集，多为首次发表，十分珍贵。全书图文并茂，科学性和可读性强。我相信，此书的出版必将对我国果树地方品种的研究和开发利用发挥重要作用。

中国工程院院士　束怀瑞

2017年10月25日

总 前 言

General Introduction

　　果树地方品种（农家品种）具有相对优异的果实性状和较好的适应性与抗逆性，是可在短期内改良现有品种的宝贵资源。"中国果树地方品种图志"丛书是在国家科技部科技基础性工作专项重点项目"我国优势产区落叶果树农家品种资源调查与收集"（项目编号：2012FY110100）的基础上凝练而成。该项目针对我国多年来对果树地方品种重视不够，致使果树地方品种的家底不清，甚至有的濒临灭绝，有的已经灭绝的严峻状况，由中国农业科学院郑州果树研究所牵头，联合全国多家具有丰富的果树种质资源收集保存和研究利用经验的科研单位和大专院校，对我国主要落叶果树地方品种（梨、核桃、桃、石榴、枣、山楂、柿、樱桃、杏、葡萄、苹果、猕猴桃、李、板栗）资源进行调查、收集、整理和保护，摸清主要落叶果树地方品种家底，建立档案、数据库和地方品种资源实物和信息共享服务体系，为地方品种资源保护、优良基因挖掘和利用奠定基础，为果树科研、生产和创新发展提供服务。

一、我国果树地方品种资源调查收集的重要性

　　我国地域辽阔，果树栽培历史悠久，是世界上最大的栽培果树植物起源中心之一，素有"园林之母"的美誉，原产果树种质资源十分丰富，世界各国广泛栽培的如梨、桃、核桃、枣、柿、猕猴桃、杏、板栗等落叶果树树种都起源于我国。此外，我国从世界各地引种果树的工作也早已开始。如葡萄和石榴的栽培种引入中国已有2000年以上历史。原产我国的果树资源在长期的人工选择和自然选择下形成了种类纷繁的、与特定地区生态环境条件相适应的生态类型和地方品种；而引入我国的果树材料通过长期的栽培选择和自然驯化选择，同样形成了许多适应我国自然条件的生态类型或地方品种。

　　我国果树地方品种资源种类繁多，不乏优良基因型，其中不少在生产中还在发挥着重要作用。比如'京白梨''莱阳梨''金川雪梨'；'无锡水蜜''肥城桃''深州蜜桃''上海水蜜'；'木纳格葡萄'；'沾化冬枣''临猗梨枣''泗洪大枣''灵宝大枣'；'仰韶杏''邹平水杏''德州大果杏''兰州大接杏''郯城杏梅'；'天目蜜李''绥棱红'；'崂山大樱桃''滕县大红樱桃''太和大紫樱桃''南京东塘樱桃'；山东的'镜面柿''四烘柿'，陕西的'牛心柿''磨盘柿'，河南的'八月黄柿'，广西的'恭城水柿'；河南的'河阴石榴'等许多地方品种在当地一直是主栽优势品种，其中的许多品种生产已经成为当地的主导农业产业，为发展当地经济和提高农民收入做出了巨大贡献。

　　还有一些地方果树品种向外迅速扩展，有的甚至逐步演变成全国性的品种，在原产地之外表现良好。比如河南的'新郑灰枣'、山西'骏枣'和河北的'赞皇大枣'引入新疆后，结果性能、果实口感、品质、产量等表现均优于其在原产地的表现。尤其是出产于新疆的'灰枣'和'骏枣'，以其绝佳的口感和品质，在短短5～6年的时间内就风靡全国市场，其在新疆的种植面积也迅速发展逾3.11万hm²，成为当地名副其实的"摇钱树"。分布范围更广的当属'砀山酥梨'，以其出

色的鲜食品质、广泛的栽培适应性，从安徽砀山的地方性品种几十年时间迅速发展成为在全国梨生产量和面积中达到1/3的全国性品种。

果树地方品种演变至今有着悠久的历史，在漫长的演进过程中经历过各种恶劣的生态环境和毁灭性病虫害的选择压力，能生存下来并获得发展，决定了它们至少在其自然分布区具有良好的适应性和较为全面的抗性。绝大多数地方品种在当地栽培面积很小，其中大部分仅是散落农家院中和门前屋后，甚至不为人知，但这里面同样不乏可资推广的优良基因型；那些综合性状不够好、不具备直接推广和应用价值的地方品种，往往也潜藏着这样或那样的优异基因可供发掘利用。

自20世纪中叶开始，国内外果树生产开始推行良种化、规模化种植，大规模品种改良初期果树产业的产量和质量确实有了很大程度的提高；但时间一长，单一主栽品种下生物遗传多样性丧失，长期劣变积累的负面影响便显现出来。大面积推广的栽培品种因当地的气候条件发生变化或者出现新的病害受到毁灭性打击的情况在世界范围内并不鲜见，往往都是野生资源或地方品种扮演救火英雄的角色。

20世纪美国进行的美洲栗抗栗疫病育种的例子就是证明。栗疫病由东方传入欧美，1904年首次见于纽约动物园，结果几乎毁掉美国、加拿大全部的美洲栗，在其他一些国家也造成毁灭性的影响。对栗疫病敏感的还有欧洲栗、星毛栎和活栎。美国康涅狄格州农业试验站从1907年开始研究栗疫病，这个农业试验站用对栗疫病具有抗性的中国板栗和日本栗作为亲本与美洲栗杂交，从杂交后代中选出优良单株，然后再与中国板栗和日本栗回交。并将改良栗树移植进野生栗树林，使其与具有基因多样性的栗树自然种群融合，产生更高的抗病性，最终使美洲栗产业死而复生。

我国核桃育种的例子也很能说明问题。新疆核桃大多是实生地方品种，以其丰产性强、结果早、果个大、壳薄、味香、品质优良的特点享誉国内外，引入内地后，黑斑病、炭疽病、枝枯病等病害发生严重，而当地的华北核桃种群则很少染病，因此人们认识到华北核桃种群是我国核桃抗性育种的宝贵基因资源。通过杂交，华北核桃与新疆核桃的后代在发病程度上有所减轻，部分植株表现出了较强的抗性。此外，我国从铁核桃和普通核桃的种间杂种中选育出的核桃新品种，综合了铁核桃和普通核桃的优点，既耐寒冷霜冻，又弥补了普通核桃在南方高温多湿环境下易衰老、多病虫害的缺陷。

'火把梨'是云南的地方品种，广泛分布于云南各地，呈零散栽培状态，果皮色泽鲜红艳丽，外观漂亮，成熟时云南多地农贸市场均有挑担零售，亦有加工成果脯。中国农业科学院郑州果树研究所1989年开始选用日本栽培良种'幸水梨'与'火把梨'杂交，育成了品质优良的'满天红''美人酥'和'红酥脆'三个红色梨新品种，在全国推广发展很快，取得了巨大的社会、经济效益，掀起了国内红色梨产业发展新潮，获得了国际林产品金奖、全国农牧渔业丰收奖二等奖和中国农业科学院科技成果一等奖。

富士系苹果引入中国，很快在各苹果主产区形成了面积和产量优势。但在辽宁仅限于年平均气温10℃，1月平均气温-10℃线以南地区栽培。辽宁中北部地区扩展到中国北方几省区尽管日照充足、昼夜温差大、光热资源丰富，但1月平均气温低，富士苹果易出现生理性冻害造成抽条，无法栽培。沈阳农业大学利用抗寒性强、大果、肉质酸酥、耐贮运的地方品种'东光'与'富士'进行杂交，杂交实生苗自然露地越冬，以经受冻害淘汰，顺利选育出了适合寒地栽培的苹果品种'寒富'。'寒富'苹果1999年被国家科技部列入全国农业重点开发推广项目，到目前为止已经在内蒙古南部、吉林珲春、黑龙江宁安、河北张家口、甘肃张掖、新疆玛纳斯和西藏林芝等地广泛栽培。

地方品种虽然重要，但目前许多果树地方品种的处境却并不让人乐观！我们在上马优良新品种和外引品种的同时，没有处理好当地地方品种的种质保存问题，许多地方品种因为不适应商业化的要求生存空间被挤占。如20世纪80年代巨峰系葡萄品种和21世纪初'红地球'葡萄的大面积推广，造成我国葡萄地方品种的数量和栽培面积都在迅速下降，甚至部分地方品种在生产上的消失。20世纪80年代我国新疆地区大约分布有80个地方品种或品系，而到了21世纪只有不到30个地方品种还能在生产上见到，有超过一半的地方品种在生产上消失，同样在山西省清徐县曾广泛分布的古老品种'瓶儿'，现在也只能在个别品种园中见到。

加上目前中国正处于经济快速发展时期，城镇化进程加快，因为城镇发展占地、修路、环境恶化等原因，许多果树地方品种正在飞速流失，亟待保护。以山西省的情况为例：山西有山楂地方品种'泽州红''绛县粉口''大果山楂''安泽红果'等10余个，近年来逐年减少；有板栗地方品种10余个，已经灭绝或濒临灭绝；有柿子地方品种近70个，目前60%已灭绝；有桃地方品种30余个，目前90%已经灭绝；有杏地方品种70余个，目前60%已灭绝，其余濒临灭绝；有核桃地方品种60余个，目前有的已灭绝，有的濒临灭绝，有的品种和名称混乱；有2个石榴地方品种，其中1个濒临灭绝！

又如，甘肃省果树资源流失非常严重。据2008年初步调查，发现5个树种的103个地方果树珍稀品种资源濒临流失，研究人员采集有限枝条，以高接方式进行了抢救性保护；7个树种的70个地方果树品种已经灭绝，其中梨48个、桃6个、李4个、核桃3个、杏3个、苹果4个、苹果砧木2个，占原《甘肃果树志》记录品种数的4.0%。对照《甘肃果树志》（1995年），未发现或已流失的70个品种资源主要分布在以下区域：河西走廊灌溉果树区未发现或已灭绝的种质资源6个（梨品种2个、苹果品种4个）；陇西南冷凉阴湿果树区未发现或灭绝资源10个（梨资源7个、核桃资源3个）；陇南山地果树区未发现或流失资源20个（梨资源14个、桃资源4个、李资源2个）；陇东黄土高原果树区未发现或流失资源25个（梨品种16个、苹果砧木2个、杏品种3个、桃品种2个、李品种2个）；陇中黄土高原丘陵果树区未发现或已流失的资源9个，均为梨资源。

随着果树栽培良种化、商品化发展，虽然对提高果品生产效益发挥了重要作用，但地方品种流失也日趋严重，主要表现在以下几个方面：

1. 城镇化进程的加快，随着传统特色产业地位的丧失，地方品种逐渐减少

近年来，随着城镇化进程的加快，以前的郊区已经变成了城市，以前的果园已经难寻踪迹，使很多地方果树品种随着现代城市的建设而丢失，或正面临丢失。例如，甘肃省兰州市安宁区曾经是我国桃的优势产区，但随着城镇化的建设和发展，桃树栽培面积不到20世纪80年代的1/5，在桃园大面积减少的同时，地方品种也大幅度流失。兰州'软儿梨'也是一个古老的品种，但由于城镇化进程的加快，许多百年以上的大树被砍伐，也面临品种流失的威胁。

2. 果树良种化、商品化发展，加快了地方品种的流失

随着果树栽培良种化、商品化发展，提高了果品生产的经济效益和果农发展果树的积极性，但对地方品种的保护和延续造成了极大的伤害，导致了一些地方品种逐渐流失。一方面是新建果园的统一规划设计，把一部分自然分布的地方品种淘汰了；另一方面，由于新品种具有相对较好的外观品质，以前农户房前屋后栽植的地方品种，逐渐被新品种替代，使很多地方品种面临灭绝流失的威胁。

3. 国家对果树地方品种的保护宣传力度和配套措施不够

依靠广大农民群众是保护地方品种种质资源的基础。由于国家对地方品种种质资源的重要性和保护意义宣传力度不够，农民对地方品种保护的认知不到位，导致很多地方品种在生产和生活中不经意地流失了。同时，地方相关行政和业务部门，对地方品种的保护、监管、标示力度不够，没有体现出地方品种资源的法律地位，导致很多地方品种濒临灭绝和正在灭绝。

发达国家对各类生物遗传资源（包括果树）的收集、研究和利用工作极为重视。发达国家在对本国生物遗传资源大力保护的同时，还不断从发展中国家大肆收集、掠夺生物遗传资源。美国和前苏联都曾进行过系统地国外考察，广泛收集外国的植物种质资源。我国是世界上生物遗传资源最丰

富的国家之一，也是发达国家获取生物遗传资源的重要地区，其中最为典型的案例当属我国大豆资源（美国农业部的编号为PI407305）流失海外，被孟山都公司研究利用，并申请专利的事件。果树上我国的猕猴桃资源流失到新西兰后被成功开发利用，至今仍然有大量的国外公司组织或个人到我国的猕猴桃原产地大肆收集猕猴桃地方品种资源和野生资源。甚至连绝大多数外国人现在都还不甚了解的我国特色果树——枣的资源也已经通过非正常途径大量流失到了国外！若不及时进行系统的调查摸底和保护，那种"种中国豆，侵美国权"的荒诞悲剧极有可能在果树上重演！

综上所述，我国果树地方品种是具有许多优异性状的资源宝库，目前正以我们无法想象的速度消失或流失；应该立即投入更多的力量，进行资源调查、收集和保护，把我们自己的家底摸清楚，真正发挥我国果树种质资源大国的优势。那些可能由于建设或因环境条件恶化而在野外生存受到威胁的果树地方品种，不能在需要抢救时才引起注意，而应该及早予以调查、收集、保存。要对我国落叶果树地方品种进行调查、收集和保存，有多种策略和方法，最直接、最有效的办法就是对优势产区进行重点调查和收集。

二、调查收集的方式、方法

按照各树种资源调查、收集、保存工作的现状，重点调查资源工作基础薄弱的树种（石榴、樱桃、核桃、板栗、山楂、柿），对已经具有较好资源工作基础和成果的树种（梨、桃、苹果、葡萄）做补充调查。根据各树种的起源地、自然分布区和历史栽培区确定优势产区进行调查，各树种重点调查区域见本书附录一。各省（自治区、直辖市）主要调查树种见本书附录二。

通过收集网络信息、查阅文献资料等途径，从文字信息上掌握我国主要落叶果树优势产区的地域分布，确定今后科学调查的区域和范围，做好前期的案头准备工作。

实地走访主要落叶果树种植地区，科学调查主要落叶果树的优势产区区域分布、历史演变、栽培面积、地方品种的种类和数量、产业利用状况和生存现状等情况，最终形成一套系统的相关科学调查分析报告。

对我国优势产区落叶果树地方品种资源分布区域进行原生境实地调查和GPS定位等，评价原生境生存现状，调查相关植物学性状、生态适应性、栽培性能和果实品质等主要农艺性状（文字、特征数据和图片），对优良地方品种资源进行初步评价、收集和保存。

对叶、枝、花、果等性状按各种资源调查表格进行记载，并制作浸渍或腊叶标本。根据需要对果实进行果品成分的分析。

加强对主要生态区具有丰产、优质、抗逆等主要性状资源的收集保存。注重地方品种优良变异株系的收集保存。

主要针对恶劣环境条件下的地方品种，注重对工矿区、城乡结合部、旧城区等地濒危和可能灭绝地方品种资源的收集保存。

收集的地方品种先集中到资源圃进行初步观察和评估，鉴别"同名异物"和"同物异名"现象。着重对同一地方品种的不同类型（可能为同一遗传型的环境表型）进行观察，并用有关仪器进行简化基因组扫描分析，若确定为同一遗传型则合并保存。对不同的遗传型则建立其分子身份鉴别标记信息。

已有国家资源圃的树种，收集到的地方品种入相应树种国家种质资源圃保存，同时在郑州、随州地区建立国家主要落叶果树地方品种资源圃，用于集中收集、保存和评价有关落叶果树地方品种资源，以确保收集到的果树地方品种资源得到有效的保护。郑州和随州地处我国中部地区，中原之腹地，南北交汇处，既无北方之严寒，又无南方之酷热。因此，非常适宜我国南北各地主要落叶果树树种种质资源的生长发育，有利于品种资源的收集、保存和评价。

利用中国农业科学院郑州果树研究所优势产区落叶果树树种资源圃保存的主要落叶果树树种

地方品种资源和实地科学调查收集的数据，建立我国主要落叶果树优良地方品种资源的基本信息数据库，包括地理信息、主要特征数据及图片，特别是要加强图像信息的采集量，以区别于传统的单纯文字描述，对性状描述更加形象、客观和准确。

对我国优势产区落叶果树优良地方品种资源进行一次全面系统梳理和总结，摸清家底。根据前期积累的数据和建立的数据库（http://www.ganguo.net.cn），开发我国主要落叶果树优良地方品种资源的GIS信息管理系统。并将相关数据上传国家农作物种质资源平台（http://www.cgris.net），实现果树地方品种资源信息的网络共享。

工作路线见本书附录三。工作流程见本书附录四。要按规范填写调查表。调查表包括：农家品种摸底调查表、农家品种申报表、农家品种资源野外调查简表、各类树种农家品种调查表、农家品种数据采集电子表、农家品种调查表文字信息采集填写规范。农家品种标本、照片采集按规范填写"农家品种资源标本采集要求"表格和"农家品种资源调查照片采集要求"表格。调查材料提交也须遵照规范。编号采用唯一性流水线号，即：子专题（片区）负责人姓全拼+名拼音首字母+调查者姓名拼音首字母+流水号数字。

本次参加调查收集研究有22个单位，分布在我国西南、华南、华东、华中、华北、西北、东北地区，每个单位除参加过全国性资源考察外，他们都熟悉当地的人文地理、自然资源，都对当地的主要落叶果树资源了解比较多，对我们开展主要落叶果树地方品种调查非常有利，而且可以高效、准确地完成项目任务。其中包括2个农业部直属单位、4个教育部直属大学（含2所985高校）、10省属研究所和大学，100多名科技人员参加调查，科研基础和实力雄厚，参加单位大多从事地方品种相关的调查、利用和研究工作，对本项目的实施相当熟悉。还有的团队为了获得石榴最原始的地方品种材料，尽管当地有关专业部门说，近期雨季不能到有石榴地方品种的地区调查，路险江深，有生命危险，可他们还是冒着生命危险，勇闯交通困难的西藏东南部三江流域少人区调查，获得了可贵的地方品种资源。

通过5年多的辛勤调查、收集、保存和评价利用工作，在承担单位前期工作的基础上，截至2017年，共收集到核桃、石榴、猕猴桃、枣、柿子、梨、桃、苹果、葡萄、樱桃、李、杏、板栗、山楂等14个树种共1700余份地方品种。并积极将这些地方品种资源应用于新品种选育工作，获得了一批在市场上能叫得响的品种，如利用河南当地的地方品种'小火罐柿'选育的极丰产优质小果型柿品种'中农红灯笼柿'，以其丰产、优质、形似红灯笼、口感极佳的特色，迅速获得消费者的认可，并获得河南省科技厅科技进步一等奖和河南省人民政府科技进步二等奖。

"中国果树地方品种图志"丛书被列为"十三五"国家重点出版物规划项目。成书过程中，在中国农业科学院郑州果树研究所、湖南农业大学等22个单位和中国林业出版社的共同努力和大力支持下，先后于2017年5月在河南郑州、2017年10月25日至11月5日在湖南长沙、11月17～19日在河南郑州召开了丛书组稿会、统稿会和定稿会，对书稿内容进行了充分把关和进一步提升。在上述国家科技部基础性工作专项重点项目启动和执行过程中，还得到了该项目专家组束怀瑞院士（组长）、刘凤之研究员（副组长）、戴洪义教授、于泽源教授、冯建灿教授、滕元文教授、卢春生研究员、刘崇怀研究员、毛永民教授的指导和帮助，在此一并表示感谢！

曹尚银

2017年11月17日于河南郑州

前言

Preface

 樱桃原产于热带美洲西印度群岛加勒比海地区，因此又叫西印度樱桃。樱桃属蔷薇科（Rosaceae）植物，又名车厘子、莺桃、荆桃、楔桃、英桃、牛桃、樱珠、含桃等，本属约6个亚属，分布于亚洲、欧洲南部及其以东地区、非洲北部和北美东部。全世界樱桃属植物约有120种以上，主要分布于北半球温和地带。中国樱桃，栽培历史已达3000余年，是我国最为重要和古老的栽培果树之一。中国樱桃沿长江流域扩散，北至华北，南至华中及广东、广西等地，尤以浙江、山东、河南、江苏、陕西、四川、安徽、河北最多。

 我国是中国樱桃所属的樱属植物的重要分布中心之一，分布于我国的樱属植物有48种10个变种，广大的西南高山地区是中国樱属植物的分布中心，蕴藏着近30种野生樱类群。据统计，已发表的中国樱属植物超过50个种或变种，至今已发表中国樱属植物野生种（变种）双学名293个，已处理272个，21个学名未作处理。樱桃是喜光、喜温、喜湿、喜肥的果树，适合在年均气温10～12℃、年降水量600～700mm、年日照时数2600～2800小时以上的气候条件下生长。日平均气温高于10℃的时间在150～200天，冬季极端最低温度不低于-20℃的地方都能生长良好，正常结果。若当地有霜害，樱桃园地可选择在春季温度上升缓慢、空气流通的西北坡。考虑到樱桃根系分布浅易风倒，园地以在不受风害地段为宜，土壤以土质疏松、土层深厚的砂壤土为佳。

 地方品种（农家品种）是在特定地区经过长期栽培和自然选择而形成的品种，对所在地区的气候和生产条件一般具有较强的适应性。地方品种含有丰富的基因型，具有丰富的遗传多样性，常存在特殊优异的性状基因，是果树品种改良的重要基础和优良基因来源。由于社会历史的原因，我国果树生产大都以农户生产方式存在，果园面积小，经济效益低。这种农户型的生产方式有着种种弊端，但同时也为自然突变所产生的优良品种提供了可以生存的空间。农户对于自家所生产的品种比较熟悉，通过自然实生、芽变或自然变异所产生的优良性状的果树品种能够被保留下来，在不经意间被选育出来，成为地方品种。由于这种方式所产生的品种没有经过任何形式的鉴定评价，每种品种的数量稀少，很容易随着时间的流逝而灭绝。

 《中国樱桃地方品种图志》是首次对中国樱桃地方品种进行了比较全面、系统调查研究的阶段性总结，为研究樱桃的起源、演化、分类及樱桃资源的开发利用提供了较完整的资料，将对促进我国樱桃产业发展和科学研究产生重要的作用。本书作为樱桃地方品种图志，其内容重点放在樱桃种质资源的地理分布、特异生产特性和品种资源的描述上。此外，本书重点增加了提供人及其联系方式、地理信息等。我们利用笔记本电脑和高性能的数码相机进行考察，把品种图像较为准确和形象地记录下来；通过携带GPS定位导航设备和GIS软件系统可以对每个地方品种的生境和其代表株进行精确定位和信息采集，以达到品种的可追踪性。本书图像大部分均在种质原产地采集，包括生境、植株、花、果实、叶片、枝条等信息，力求还原种质的本来面貌。

本书按照东部片区、西部片区、南部片区、中部片区4个片区分别介绍其资源分布情况，对每份资源从基本信息（包括提供人、调查人、位置信息、地理数据、样本类型等）、生境信息，植物学信息（植株情况、植物学特性、果实性状、生物学习性）和品种评价等方面入手，切实展示该品种资源的特征特性，以便于育种工作者辨识并加以有效利用。本书所配照片在总论中都一一标出拍摄人或提供人姓名，各论里照片都是各片区调查人拍照提供，由于人数较多，就不一一列出。调查编号根据片区负责人姓全拼+名缩写+采集者姓名的首字母+数字编号的形式，便于辨识和后期品种追踪调查，每个品种都有一个品种俗称，若有相同的名字，添加调查地点的名字加以区分，相同地点的加数字予以区分，多个品种可以按照数字依次编写。

本书共收集64份樱桃地方品种资源。希望本书的出版能为樱桃地方品种的利用及地理分布研究提供较为全面、完整的资料，促进樱桃地方品种科研与生产的发展。

由于著者水平和掌握资料有限，本书有遗漏和不足之处敬请读者及专家给予指正，以便日后补充修订。

著者

2017年11月

目录

Contents

总论

中国樱桃地方品种图志

第一节
国外樱桃种质资源的研究现状

一 国外樱桃的起源及分布

1. 欧洲甜樱桃和酸樱桃的起源及分布

国外栽培的樱桃种质资源主要是欧洲甜樱桃和欧洲酸樱桃。欧洲甜樱桃，又称甜樱桃、大樱桃，原产欧洲里海沿岸和亚洲西部，公元前1世纪开始栽培利用，2~3世纪逐渐传到欧洲大陆各地，经济栽培始于16世纪。18世纪初引入美国，但直到1767年前大多还用种子实生繁殖。1874—1875年日本从美国、欧洲引进多种甜樱桃种苗，明治时代开始了甜樱桃的栽培（图1）。目前，甜樱桃主要分布在欧洲里海和黑海沿岸，广泛分布于伊朗北部可撒斯山脉的南部，在小亚细亚、印度和乌克兰的摩尔多瓦、外高加索山区的森林中仍见野生甜樱桃。随着航海业的蓬勃发展和文化交流的日益频繁，欧洲甜樱桃被陆续传播到世界各地，栽培范围不断扩大，形成了6大特色栽培区，即：北美栽培区、西欧栽培区、东欧栽培区、西亚栽培区、东亚栽培区和大洋洲栽培区，涵盖美国、加拿大、德国、意大利、法国、西班牙、波兰、罗马尼亚、保加利亚、奥地利、乌克兰、土耳其、伊朗、黎巴嫩、叙利亚、中国、日本、韩国、澳大利亚和新西兰等20余个国家和地区，以乌克兰的南部和西部及摩尔多瓦地区最适宜人工栽培。世界上98%的欧洲甜樱桃集中栽培在北半球，其中：欧洲81%、北美洲13%、亚洲4%；南半球仅秘鲁、智利、阿根廷、新西兰、澳大利亚和南非等国家（地区）分布少量栽培种。在俄罗斯，斯塔夫罗波尔地区、克拉斯诺达尔地区、罗斯

图1 '佐藤锦'樱桃古树是日本山形县以'那翁'和'黄玉'杂交育成的甜樱桃品种（崔冬冬 摄影）

托夫州及高加索部分地区为欧洲甜樱桃主要人工栽培区，栽培区北线：明斯克—契尔尼柯夫—哈尔科夫—罗斯托夫—阿斯特拉罕（孙玉刚，1998）。

据FAO数据统计，2014年全球有70个国家和地区种植甜樱桃，几乎绝大多数温带国家都有种植，主要生产国有土耳其、美国、伊朗、意大利、西班牙、智利和乌兹别克斯坦等。2011—2014年世界甜樱桃种植面积和产量逐年增加，2011年为40.3万hm²和210.7万t，到2014年分别增加到44.0万hm²和224.6万t，分别增加8.4%和6.2%。土耳其是世界甜樱桃第一生产国，2014年种植面积和产量分别为7.9万hm²和44.6万t，占同年世界种植面积和产量的18.0%和19.9%。美国为世界第二大甜樱桃生产国，2014年面积和产量达到3.6万hm²和33.0万t，占同年世界面积和产量的8.2%和14.7%。伊朗是世界甜樱桃原产地之一，是世界第三大甜樱桃生产国，2011—2014年甜樱桃种植面积和产量均呈逐年增长趋势，2011年甜樱桃种植面积和产量分别为3.5万hm²和13.8万t，2014年增长到4.1万hm²和17.2万t。意大利和西班牙为欧洲地区甜樱桃生产前两位的国家，2011—2014年面积和产量比较稳定，2014年面积分别为3.0万hm²和2.6万hm²，产量分别为11.1万t和11.8万t。智利是南美洲地区甜樱桃第一生产国，也是全球最主要的甜樱桃出口国之一。近年来，智利甜樱桃种植面积和产量逐年增长，2014年达到1.7万hm²和8.4万t。乌兹别克斯坦是亚洲主要甜樱桃生产国之一，2011—2014年甜樱桃种植面积呈稳定增长趋势，2014年达到1.3万hm²和8.0万t，占同年世界面积和产量的2.95%和3.6%，是世界甜樱桃第七大生产国（表1）。

欧洲酸樱桃又称酸樱桃，原产于亚洲西部及黑海沿岸。酸樱桃果实主要用于加工果酱、果脯、果汁、果酒、调味品等产品。除加工外，酸樱桃可作为甜樱桃的砧木利用。近年来，世界酸樱桃种植面积呈逐年下降趋势，而产量略有升高，2011年世界酸樱桃种植面积和产量分别为22.8万hm²和128.8万t，2014年种植面积和产量分别为20.7万hm²和136.2万t，酸樱桃主要生产国为乌克兰、俄罗斯、波兰、土耳其、美国、伊朗等。我国酸樱桃加工生产商品化程度较低，栽培较少（图2、图3）。目前仅在

图2 酸樱桃（孙岩 摄影）

图3 酸樱桃（孙岩 摄影）

表1 2011-2014年世界甜樱桃主产国种植面积和产量

国家	面积（万hm²）				产量（万t）			
	2011年	2012年	2013年	2014年	2011年	2012年	2013年	2014年
土耳其	4.5	4.8	7.6	7.9	43.9	48.1	49.4	44.6
美国	3.5	3.5	3.6	3.6	30.3	38.5	30.1	33.0
伊朗	3.5	3.7	3.7	4.1	13.8	15.6	16.5	17.2
意大利	3.0	3.0	3.1	3.0	11.3	10.5	13.1	11.1
西班牙	2.5	2.5	2.5	2.6	10.2	9.7	9.7	11.8
智利	1.3	1.4	1.6	1.7	8.6	7.1	8.0	8.4
乌兹别克斯坦	0.8	1.1	1.2	1.3	5.6	6.2	7.0	8.0
世界	40.3	40.3	43.4	44.0	210.7	214.5	222.4	224.6

注：数据参考文献（崔建潮等，2017a）

烟台、西安等地区有少量规模化种植（崔建潮等，2017a）。

2. 我国甜樱桃的起源及分布

19世纪70年代甜樱桃开始引入我国，首先在山东烟台等沿海地区，后来河北、辽宁沿海逐渐发展起来。据《满洲之果树》记载，1871年，美国传教士J.L.Nevius引进首批10个品种的甜樱桃栽于烟台东南山，品种主要有'春紫''毛雷罗''心脏青''短把''大公爵''毛把酸''大青香''法兰西皇帝''巴路奥'及'红壳'等。另据1939年唐荃生等报道，当时引进的品种有'黑亮''黑莲产''紫樱'及'晚公爵''西班牙'（日本称'福寿'）等。其中不少品种已经迷失或失其原名，致无从查核。1880—1885年，烟台市郊岚村王子玉，由朝鲜仁川引入甜樱桃品种'那翁'（'Napoleon'），嫁接于中国樱桃后，

表2 我国甜樱桃主栽品种

地区	主栽品种
胶东半岛	'红灯''美早''萨米脱''黑珍珠''艳阳''拉宾斯''先锋'
辽东半岛	'红灯''美早''巨红''佳红''明珠''丽珠''萨米脱'
陕西、河南、甘肃	'红灯''美早''萨米脱''吉美''龙冠''艳阳'
北京、河北、山东泰安	'红灯''早大果''美早''岱红''萨米脱''伯兰特'
云南、贵州、四川等	'美早''红灯''萨米脱''拉宾斯''雷尼'

注：数据参考文献（崔建潮等，2017a）

硕果累累，遂迅速传播；1890年又有朱德悦通过美国船员将'大紫'（'Black tartarian'）引入烟台，并渐次传播到福山和龙口。1920年后，德国传教士引入部分甜樱桃，栽植于费县塔山林场，随后传播到蒙阴、沂水、临沂等。1930年前后，原青岛果产公司由美国引入'大紫''那翁''水晶'（'Rockport'）

图4 青岛地区丘陵地樱桃种植区盛花期（刘中 摄影）

图5 青岛地区丘陵地樱桃种植区盛花期（刘中 摄影）

图6 '那翁'是欧洲古老栽培种，20世纪经韩国引进（孙岩 摄影）　　图7 '大紫'是20世纪由俄罗斯引进（孙岩 摄影）

等甜樱桃品种，在青岛郊区栽培。同期，泰安原耶稣家庭果园（现山东省果树研究所万吉山基地）由日本引入'那翁'等甜樱桃苗木300余株进行栽培。1935年前后，龙口园艺场由烟台、大连等地引入'那翁''大紫''平顶红'等品种，威海从大连引入'水晶'等甜樱桃品种（山东省果树研究所，1996）。

我国甜樱桃很长时间只是零星种植，直到20世纪80年代改革开放以来，在市场经济的推动下，甜樱桃产业得到迅速发展。据FAO统计数据显示，我国甜樱桃种植面积自2000年呈现稳定增长趋势，从2000年的2000hm²，增长至2014年的8476hm²，甜樱桃种植面积在15年间增长了4.2倍。据中国园艺学会樱桃分会统计数据显示，2016年我国甜樱桃种植面积和产量分别为18万hm²和70万t，已超过土耳其成为世界甜樱桃第一生产国，主要栽培地区包括山东8.2万hm²、辽宁2.9万hm²、陕西2.4万hm²、西南地区1.07万hm²、甘肃0.67万hm²、京津地区0.53万hm²、河北0.33万hm²、河南0.33万hm²、山西运城地区0.27万hm²，其余各省（自治区、直辖市）甜樱桃生产规模很小。山东省甜樱桃集中分布在烟台市各县区，辽宁省主要集中在大连市的金州区和甘井子区，河北省主要集中在秦皇岛市山海关区、北戴河区及昌黎县。我国甜樱桃主栽品种有'红灯''美早''萨米脱''早大果''拉宾斯'等，各产区根据当地的气候条件，主栽品种各有侧重（表2）（崔建潮等，2017a）。

图8 '红灯'是'那翁'与'黄玉'的杂交实生种（孙岩 摄影）

图9 '泰山朝阳'是'那翁'和'大紫'自然授粉的实生选育种（孙岩 摄影）

图10 '美早'又名'塔顿'，是大连市农业科学研究院从美国引进（孙岩 摄影）

图11 '先锋'（'Van'），是从加拿大引进的甜樱桃品种（孙岩 摄影）

图12 '拉宾斯'从加拿大引进，是'先锋'和'斯坦勒利'杂交培植种（孙岩 摄影）

图13 '桑提娜'（'Santina'），是从加拿大引进的栽培品种（孙岩 摄影）

图14 '萨米托'（'Summit'），是烟台果树研究所从加拿大引进的栽培品种（孙岩 摄影）

图15 '布鲁克斯'从美国引进，是'雷尼'和'早布莱特'杂交育成的早熟品种（孙岩 摄影）

图16 '友谊'是山东省果树研究所从乌克兰引进的栽培品种（孙岩 摄影）

图17 '早红宝石'是由山东省果树研究所从乌克兰引进的（孙岩 摄影）

图18 '明珠'是大连市农业科学研究院育成的'那翁'与'早丰'的杂交实生种（杨雪梅 供图）

图19 '黑珍珠'是烟台市果树研究所引进的北美栽培种（田长平 摄影）

图20 '早大果'（付全娟 摄影）

目前，我国甜樱桃主要集中在渤海湾沿岸，以烟台市和大连市郊区最多。山东省作为甜樱桃优势主产区，种植面积快速增加。20世纪80年代以前，山东省甜樱桃生产发展缓慢，多在沿海城市周边栽培，面积少，产量低（图4、图5）。之后，随着市场经济的发展，特别是砧木新品种的推广，甜樱桃种植范围逐步扩大，主要分布由山东半岛和鲁中山区扩大到鲁西北和鲁西南地区。进入21世纪，山东省甜樱桃种植面积快速增长，栽培范围由烟台、泰安等传统种植区逐渐向鲁中南、鲁西北等地区扩展，枣庄、济宁、聊城发展较快，产销两旺，市场由数量型向质量型转化。初步形成了山东半岛晚熟区、鲁中山区、鲁西南早熟区和聊城、枣庄等四大新兴产区。山东半岛及部分内陆地区是甜樱桃最适宜栽培区，包括福山、莱州、莱阳、平度、安丘、临朐、寿光、沂源，即烟台、青岛和潍坊大部分地区。适宜栽培区有鲁中山区、鲁南部分地区和鲁西鲁北地区，其中鲁中山区包括济南、泰安、莱芜等地，鲁南部分地区主要为临沂、枣庄地区，鲁西鲁北地区包括曲阜、鱼台、巨野、东明、阳谷、冠县、齐河、乐陵、商河、沾化、

垦利、高青，即济宁、菏泽、聊城、德州、滨州、东营等地。东营、德州大部分县市和滨州的阳信、惠民、沾化、博兴、无棣及淄博的高青等为栽培甜樱桃的适宜气候区，但本区土壤pH高，盐碱地较多，极端低温偏低，春季倒春寒发生频率高，不建议推广甜樱桃，如要种植需提前进行土壤改良。

改革开放前山东省主要栽培品种为'那翁'（图6）和'大紫'（图7），品种单一。后经杂交选育出'红灯'（图8）'泰山朝霞'（图9）'龙冠''岱红'等优良栽培品种，目前主栽品种为'红灯'，约占50%。随着品种结构的调整，'红灯'的比例将逐渐下降，山东半岛甜樱桃晚熟产区主栽品种为'美早'（图10）'先锋'（图11）'拉宾斯'（图12）'桑提娜'（图13）'萨米脱'（图14）'布鲁克斯'（图15）'友谊'（图16）'早红宝石'（图17）'明珠'（图18）'黑珍珠'（图19）等，砧木为'大青叶''考特'；鲁中南丘陵早中熟产区主栽品种为'红灯''早大果'（图20）'岱红''美早''萨米脱''布鲁克斯''红宝石'等。

二　国外樱桃种质资源的调查、收集与保存

种质资源的调查与收集是整个种质资源工作中最艰苦的阶段，也是开展种质资源其他方面工作必不可少的前提。甜樱桃种质资源丰富，国外科研工作者开展了大量的调查、收集和保存工作。罗马尼亚国家果树种质资源收集中心保存了550余份甜樱桃和120余份酸樱桃种质资源，主要包括其他国家引进的樱桃品种和罗马尼亚当地的品种及野生种（Gradinariu et al.，2007）。美国甜樱桃生产主要集中在华盛顿州、加利福尼亚州、俄勒冈州以及密歇根州，种质资源圃设在加利福尼亚州戴卫斯国家无性系种质库，保存有300余份甜樱桃资源，四倍体樱桃和酸樱桃种质圃设在纽约州Geneva国家无性系种质库。德国国家果树种质库保存有440个甜樱桃品种和180个酸樱桃品种（孙玉刚，2004）。

我国科研工作者也对甜樱桃资源进行了调查、收集与保存。山东省于1957—1962年开始进行樱桃资源普查，1980—1982年进行了复查、核对整理工作，共有‘大紫’‘那翁’‘红丰’‘水晶’等甜樱桃品种13个。改革开放后，从加拿大、日本、美国、乌克兰、德国、匈牙利、意大利等国家大量引进新品种，截至目前引进保存资源约有130余份（孙玉刚，2004）。赵胭宝（2013）课题组在前期调查基础上，收集亚热带地区樱桃种质资源57份，建立了亚热带樱桃种质资源圃，用分子标记技术和生物学特性鉴定技术对所收集的资源进行了系统评价，为我国樱桃种质资源的开发利用积累了原始材料。

三　国外樱桃种质资源的评价

1. 遗传多样性评价

由于我国樱桃育种工作开展较晚，基础薄弱，主栽品种多引自国外，缺乏可靠的鉴定方法，同物异名和同名异物现象较为普遍。因此，国内外科研人员利用简单重复序列（Simple sequence repeat，SSR）、随机扩增多态性DNA（Random amplification polymorphic DNA，RAPD）、序列相关扩增多态性（Sequence-related amplified polymorphism，SRAP）和扩增片段长度多态性（Amplified fragment length polymorphism，AFLP）等分子标记技术对甜樱桃种质资源的遗传多样性进行了分析，为樱桃种质资源的收集、保存、创新和利用提供了理论依据。Lacis et al.（2009）利用SSR分子标记技术分析了瑞典和拉脱维亚甜樱桃遗传资源中心126个品种的遗传多样性，这些品种资源具有丰富的遗传多样性。Gulen et al.（2010）利用SSR和AFLP分子标记技术对29个引进品种和49个土耳其樱桃品种的亲缘关系和遗传变异进行分析表明，土耳其品种资源遗传多样性丰富，为选育优良樱桃品种提供理论依据。Ercisli et al.（2011）利用SSR分子标记技术分析了18个土耳其野生甜樱桃品种的遗传多样性，这些品种被分为7个群体，遗传多样性较丰富。张琪静等（2008）开发了甜樱桃品种的SSR指纹检索系统，为甜樱桃栽培品种的快速准确鉴定及资源创新和育种实践提供了分子依据。艾呈祥等（2007）利用SSR标记对30个樱桃主栽品种的遗传多样性进行了分析，其与地理分布有一定的相关性，能反映樱桃的遗传特点及区域特性。陈仲刚

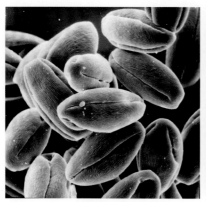

图21　长球形甜樱桃花粉粒（魏国芹　供图）

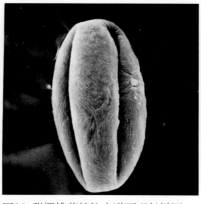

图22　甜樱桃花粉粒赤道面观长椭圆形或椭圆形（魏国芹　供图）

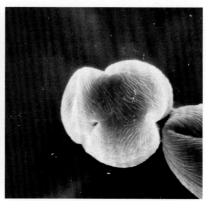

图23　甜樱桃花粉粒极面观为三裂圆形（魏国芹　供图）

图24　10月份已分化完好的甜樱桃花芽（尹燕雷　摄影）

图25 '红灯'樱桃因上年花芽分化遇高温导致的翌年畸形连体双果（孙岩　摄影）

图26　樱桃正常花药为黄色（杨兴华　摄影）

（2014）鉴定了24个甜樱桃品种的S基因型，并利用SSR标记技术对其遗传多样性和遗传关系进行了分析，24个品种可分成3组，遗传多样性丰富。陈新等（2014）利用ISSR标记技术把12个樱桃品种分为3组，遗传多样性丰富。王彩虹等（2005）对11个欧洲甜樱桃和中国樱桃品种资源的RAPD多态性进行了分析，将供试种质分为中国樱桃组群和甜樱桃组群。路娟（2010）利用SRAP标记技术对45个樱桃品种的遗传多样性分析表明，甜樱桃和中国樱桃具有不同的遗传背景，组群内不同品种资源具有较高的遗传相似性。

花粉是携带遗传信息的雄性生殖细胞，在长期进化过程中形成独特的形态特征，带有大量演化信息，同时，这些形态特征受基因型控制，属于基因型的外部表现，不易受环境因子的影响，具有很强的遗传保守性和稳定性。花粉粒的形态特征可作为甜樱桃品种鉴别的重要依据。魏国芹等（2014）对20个甜樱桃品种的花粉粒形态进行观察表明，甜樱桃花粉粒为超长球形或长球形（图21），赤道面观长椭圆形或椭圆形（图22），极面观为三裂

圆形（图23）。极轴长36.70～50.98μm；赤道轴长20.58～25.26μm。具三萌发沟，等间距赤道分布，沟长达两极，属于N3P4C5型花粉。外壁纹饰为条纹状，品种间条纹走向、疏密程度、条纹间外壁形态存在明显差异，具有丰富的孢粉遗传多样性。

2. 花芽分化特性评价

果树花芽质量的优劣，与产量、果实品质密切相关。花器官发育良好，则为授粉受精、坐果和果实正常发育奠定了良好基础。甜樱桃花芽分化时期大体是从每年6月上旬开始，10月初基本结束（图24），集中分化期在7～8月，其中花瓣、雄蕊原基分化期较短，苞片分化期、雌蕊原基分化期较长（张琛等，2017）。樱桃花芽分化受温度影响较大。刘婧等（2011）在对甜樱桃花芽形态分化敏感期的研究中发现，高温处理会明显加快花芽分化的进程。萼片原基和花瓣原基分化期这两个时期为甜樱桃花芽分化过程中的高温敏感时期，在此时期如遇高温会严重影响花芽正常分化，造成大量双（多）雌蕊花的出现，导致翌年形成畸形连体双果，这种现象在'红灯'上尤为显著（图25）。但温度高于一定

程度则会抑制甜樱桃花芽形态分化速率，延缓分化进程（Beppu et al., 2001）。赵长竹等（2011）研究表明，甜樱桃花芽分化速率和进程因温度不同而发生明显改变，依据有效积温推测花芽分化起止时期具有一定可行性。高温和低温抑制花芽分化，延缓分化进程，适宜花芽快速分化的温度可能为20～27℃。李秀珍（2013）研究发现，日光温室条件下，高低温均影响甜樱桃的生殖生长，高温区花芽形态分化时间短，花序间发育较整齐，单花分化需45天左右，低温区单花分化需75天左右；高温区次生造孢细胞持续分裂时间缩短、小孢子母细胞的持续时间短、雄配子体的形成速度快且整齐度高，低温区相反；高温区从造孢细胞到雌配子体形成需14天左右，而低温区需20天左右；不同温区胚的发育进程相似，但高温区从授粉到受精的时间比低温区延长约36小时，达120小时。高温使甜樱桃的花芽分化早，花芽形态分化及雌雄配子的发育时间短，但受精进程减慢。姜建福（2009）研究表明，高温和低温抑制花芽形态分化，延缓形态分化进程。当温度>27℃时，抑制'红灯'和'早红宝石'花芽分化；当温度>29℃时，抑制'拉宾斯'花芽分化；当温度<20℃时，抑制'红灯'花芽分化。当温度在20～27℃时，适宜'红灯'花芽分化，当温度在25～27℃时，适宜'早红宝石'分化，当温度在26～29℃时，适宜'拉宾斯'花芽分化。畸形花的发生与温度关系密切，温度越高，畸形花发生率越高且畸形越严重；畸形花的发生具有品种差异性。

设施栽培诱导甜樱桃果树提前开花的整个过

图27 樱桃花期花药变褐（郑家祥 摄影）

图28 设施栽培樱桃于3月上旬提早开花（郑家祥 摄影）

程中，对设施中的环境调控，尤其是温度调控的要求非常严格。高温造成花器官发育不良，给甜樱桃设施生产带来了严重损失。李燕等（2011a）研究表明，花粉母细胞减数分裂时期35℃高温处理4小时，减数分裂形成异常多分体比例为对照的14倍，随后部分花粉解体消失，花药干枯，残存的花粉粒离体培养不萌发；单核花粉时期或单核花粉有丝分裂时期进行35℃处理，不同程度加快了花药的发育进程，其中由于绒毡层和中层细胞提前解体，不能持续稳定地供给营养物质，造成部分花粉粒的解体消失；花期花药变褐率增加，快速干瘪，不能正常散粉；产生的成熟花粉粒大都瘪小，离体培养萌发率显著降低（图26、图27）。说明甜樱桃整个花芽萌动期雄蕊对高温胁迫都非常敏感。较早高温处理对雄蕊发育的抑制程度强于雌蕊，花期雄蕊变褐率极显著增加，甚至会导致雄蕊完全败育，花期明显变短；越临近花期的高温处理，花期雌蕊枯萎率和花冠卷曲率明显高于其他处理，并且对始花期促进作用越明显；不同阶段短时间高温处理后都未发现大孢子产生和分化异常。甜樱桃花芽萌动期的雌、雄生殖器官发育过程中对短时间高温胁迫的敏感时期和敏感性不同（李燕等，2011b）。

不同栽培模式对樱桃花芽分化存在一定的影响。刘婧（2011）研究表明，促成栽培使甜樱桃花芽形态分化的开始时期明显提前。6月10日露地栽培的甜樱桃花芽全部处于苞片原基分化期的时候，促成栽培的甜樱桃花芽已经有77.8%处于花序原基分化期。促成栽培的甜樱桃花芽全部处于或完成雌蕊原基分化时，露地栽培的仍各有15.6%处于花瓣原基和雄蕊原基分化期。遮阴栽培与促成栽培相比，能减缓花芽分化进程，但作用有限。这说明花芽形态分化发端时间和进程的速度都与温度有关。章敏等（2017）研究表明，樱桃结果母枝长度与总芽量、萌芽量、叶芽量、总花芽量和总花量等指标之间呈高度正相关，与2朵花芽量、3朵花芽量、4朵花芽量、2朵花量、3朵花量和4朵花量等指标之间呈显著正相关，与萌芽率之间呈正相关；结果母枝长度可作为衡量花芽量和花量等的特征之一，可通过调查樱桃结果母枝长度和回归方程来预测各类花芽量和各类花量等指标。王昊翔（2009）研究表明，长果枝、中果枝、短果枝和花束状果枝花芽分化过程中叶片氮的代谢趋势基本一致，其中花束状果枝叶片

氮代谢较为旺盛，在花芽分化的各个时期中，花冠原基分化期叶片氮代谢最强。

甜樱桃树体必须通过自然休眠才能正常开花结果。设施栽培中往往需要通过人工提前打破花芽的休眠，才能提早果品的上市时间（图28、图29）。魏海蓉等（2007）研究表明，不同温度处理对花芽中酚类物质含量的影响效果不同，低温（5℃）在自然休眠的3个阶段都能打破休眠促进萌发，高温（20℃）抑制了花芽的萌发，变温（5℃/20℃）对花芽的萌发影响不大。植物生长调节剂对自然休眠的调控作用可能是通过改变酚类物质的含量来改变芽休眠的进程。6-BA、GA_3处理在自然休眠前期对萌芽率影响不明显，中期打破了休眠，使萌芽率超过50%，后期效果与中期相似；ABA处理在整个自然休眠期间使萌芽率略有降低，并抑制了休眠的解除（魏海蓉等，2005）。休眠花芽中的酚类物质主要分布于鳞片中，剥鳞后，花芽中酚类物质含量锐减。自然休眠的不同时期剥鳞对打破休眠的效果不同，前期效果较为明显，中期处于休眠的最深时

图29 中国樱桃设施栽培提早结果成熟，4月下旬上市（尹志刚 摄影）

期，剥鳞不能打破休眠，后期剥鳞也能打破休眠促进萌发。不同化学药剂在休眠的不同时期对酚类物质含量的影响不同：自然休眠前期，KNO_3和硫脲减缓了酚类物质的积累速度，相反H_2O_2加速了酚类物质的积累；中期上述3种化学药剂对酚类物质含量的影响与早期相似；后期KNO_3处理降低了酚类物质含量，硫脲使酚类物质含量略有增加，而H_2O_2使之显著增加。在打破休眠方面，KNO_3可提前2~3天打破休眠，硫脲没有明显效果，H_2O_2抑制休眠的解除（魏海蓉等，2006）。李霞（2004）研究表明，硫脲的破眠效果最明显，可使叶芽和花芽分别提早萌发10~12天和7天，并显著提高萌芽率；KNO_3、NaCN和大蒜提取液不同程度上对破除休眠起作用。NaF和丙二酸处理显著提高了叶芽、花芽萌芽率，可完

全打破叶芽休眠而不能打破花芽休眠。Na_3PO_4处理抑制芽的萌发。外源150mg/L GA_3可完全打破叶芽的休眠，150mg/L 6-BA对未完成自然休眠的花芽萌发有明显促进作用，ABA则对芽的萌发有较强的抑制作用。王磊（2016）研究表明，单氰胺的施用引起'萨米脱'休眠解除提早约半个月，萌芽提早11天，花期提前5天，且花期持续缩短2天，更重要的是坐果率增加了11.6%。促进了其休眠解除过程中淀粉、蔗糖和山梨糖醇等含量的降低，葡萄糖、果糖和总氮的含量升高，抑制蛋白态氮的含量降低。单氰胺可以作为甜樱桃'萨米脱'在冬季低温累积较低区域商业生产的一个重要手段。

需冷量是预测气候变化、确定设施栽培控温时机和因地制宜选择适宜品种的关键依据。刘聪利等

图30 矮化纺锤形（魏国芹 摄影）

图32 美国华盛顿樱桃细长纺锤形栽培模式（李勃 摄影）

图31 美国华盛顿樱桃UFO树形栽培模式（李勃 摄影）

图33 美国华盛顿樱桃V形栽培（李勃 摄影）

（2017）评价了66个甜樱桃品种的需冷量，结果表明，供试品种的需冷量值介于516～852小时，51个品种花芽的低温需求量低于叶芽；≤549小时的品种属于低需冷量品种，573～716小时的品种属于中需冷量品种，≥740小时的品种属于高需冷量品种，其中中需冷量品种占比约为88%；以0～7.2℃模型评价国内各甜樱桃栽培区广泛栽培的品种大多属于中需冷量品种，需冷量值主要集中于550～720小时，这

图34 美国华盛顿樱桃篱壁形栽培模式（李勃 摄影）　图35 KGB树形栽培模式（李淑萍 摄影）　图36 传统樱桃自然开心形栽培模式（孙岩 摄影）

图37 传统樱桃主干形栽培模式（魏海蓉 摄影）

为国内栽培区的引种以及设施栽培确定扣棚控温时机提供了关键依据。为提高樱桃坐果率，生产中应选择需冷量低的品种；适时调节温度；合理修剪、控制营养生长；合理施肥，花期放蜂；科学防控病虫害，严防早期落叶。

3. 果实经济性状评价

甜樱桃种质资源果实经济性状受品种和栽培条件等多种因素的影响。不同樱桃品种果实单果重、可溶性固形物、可滴定酸和维生素C含量等果实性状存在差异（史洪琴等，2010；蔡宇良等，2005；赵林等，2012）。贾海慧等（2007）分析了甜樱桃品种'大紫''长把红''养老''红灯'和中国樱桃'泰红小樱'可溶性糖、可溶性蛋白质等果实品质的差异，中国樱桃可溶性蛋白质和可溶性糖含量显著高于甜樱桃4个品种。樱桃果实大小、风味和内含物含量受品种影响显著（高佳等，2011）。包九零等（2016）评价了贵州威宁地区5个樱桃品种的外观与内在品质差异表明，'布鲁克斯'和'斯帕克里'综合品质较优。姬孝忠等（2016）研究表明，套袋能增加甜樱桃果实大小，减少裂果率和病虫害的发生，经济效益显著。阳姝婷（2016）研究表明，适当的轻度干旱能降低甜樱桃裂果率，提高果实可溶性固形物、总糖、总酸和花色苷含量，增加果实风味。刘法英等（2011）研究表明，气候因子、土壤因子和海拔高度对樱桃果实品质存在不同程度的影响。

树体结构也影响樱桃果实品质的优劣，良好的树形是形成果实良好品质的基础，为极大限度地改善樱桃的树体结构，现代化的栽培模式（图30～图35）正逐步替代传统栽培模式（图36、图37）。龚荣高等（2014）研究表明，甜樱桃树冠上层和外层利用强光的能力强，树冠下层和内部对弱光的利用能力强，其对环境强光和相对弱光均具有一定的适应能力，树冠上层光合同化及代谢能力强，生理辐射强，利于果实可溶性固形物、维生素C及糖的积累。金方伦等（2016）分析了樱桃不同结果母枝直径与其果实品质变化的相关性表明，培养结果母枝直径大小可作为生产优质果品的主要依据之一。

果实糖酸的种类、含量及其动态变化是果实品质形成的重要基础。王宝刚等（2017）研究表明，甜樱桃果实中可溶性糖以葡萄糖、果糖和山梨醇为主，随着果实成熟，葡萄糖、果糖、山梨醇、可溶

性固形物含量和糖固比例逐渐升高，果实硬度、果柄拉力和总酚含量呈下降趋势。魏国芹等（2014）研究表明，不同甜樱桃品种糖酸组分与含量存在差异，葡萄糖含量最高，总糖含量随果实发育呈整体上升趋势，有机酸以苹果酸为主，总酸含量随果实发育呈先增加后下降趋势。

果实香气是果实品质的重要指标，也是吸引消费者和增强市场竞争力的主要因素之一。张序等（2014）利用顶空固相微萃取（HS-SPME）和气相色谱质谱联用技术（GC-MS）分析了'先锋''斯坦拉'和'拉宾斯'3个樱桃品种的香气成分组成，甜樱桃果实芳香成分共检测到36种，以醛类、醇类、酯类为主，品种间芳香成分的种类及其相对含量存在差异，己醛、2-己烯醛、苯甲醛是甜樱桃果实重要的芳香成分。秦玲等（2010）研究表明，樱桃品种'红灯'和'巨红13-38'共检测出38种香气成分，'红灯'中检测出29种，主要为醛类、醇类和酯类；'巨红13-38'中检测出50种香气成分，主要是萜类、醇类和脂类化合物；'红灯'中相对含量较高的物质是苯甲醛、苯甲醇、乙酸乙酯和（E）-2-己烯醇，'巨红13-38'中以石竹烯、顺-氧化芳樟醇和葎草烯。谢超等（2011）研究表明，供试樱桃品种中共检测出30种芳香成分，属于醛类、醇类、酯类、酸类和酮类等，乙醇和（Z）-2-己烯醇是主要的醇类挥发物，采收成熟度对樱桃香气成分和果实品质影响较大，在大红熟时采收樱桃能合理地利用。王家喜等（2009）研究了'考特'和'吉塞拉'作为砧木对甜樱桃果实香气成分的影响，'吉塞拉'两种砧木对'布鲁克斯'甜樱桃果实中香气成分的影响较明显，在香气种类上'吉塞拉'砧木具有明显优势；（E）2-己烯-1-醇、己醛、乙酸己酯、（E）-丁酸-2-己烯酯、3-异丁基-6-烯-1-辛醇是'布鲁克斯'甜樱桃成熟果实的特征香气成分。

4. 呈色机理评价

色泽作为果实的重要经济性状和外观品质之一，直接影响消费者的购买欲望，在一定程度上决定其商品价值（张茜，2012；Mozetič et al.，2004）。樱桃果实色泽艳丽，成熟时呈黄色、黄底红晕、红色或深紫色等颜色。樱桃果实的红色主要是由花色苷的含量和比例所决定（González-Gómez et al.，2010）。不同樱桃品种果实中花色苷的种类与含量不同。孙丹等（2017）利用高效液相色谱—质谱联用

（HPLC-MS/MS）技术测定了甜樱桃品种果皮和果肉中花色苷和非花色苷酚的组成与含量，共检测到9种花色苷，主要为花青素-3-芸香糖苷和花青素-3-葡萄糖苷，芦丁与山奈酚-3-芸香糖苷非花色苷酚类种化合物。Liu et al.（2011）从10个不同色泽甜樱桃品种中检测出10种花色苷类物质，矢车菊素-3-芸香糖苷为樱桃的主要花色苷物质，并且不同颜色品种之间花色苷的种类和含量存在显著差异。崔天舒（2014）研究发现，樱桃果实中主要的花色苷物质是矢车菊素和天竺葵素，'早大果'中检测出矢车菊素葡萄糖苷和香豆酰矢车菊素葡萄糖苷2种，'雷尼'中检测出矢车菊素葡萄糖苷、香豆酰矢车菊素葡萄糖苷和天竺葵素葡萄糖苷3种。魏海蓉（2015）首次在甜樱桃果实中检测出矢车菊素-3-木糖苷和飞燕草素-3-葡萄糖苷2种花色苷组分。

花色苷的生物合成与苯丙氨酸解氨酶（Phenylalanine ammonialyase，PAL）、查尔酮异构酶（Chalcone isomerase，CHI）、二氢黄酮醇还原酶（Dihydroflavonol 4-reductase，DFR）和类黄酮糖基转移酶（UDP glucose: flavonoid3-O-glucosyltransferase，UFGT）等调控酶密切相关（He et al.，2010）。魏海蓉等（2017）研究表明，甜樱桃果实中花色苷含量随果实发育逐渐升高，与CHI和UFGT酶活性关系密切，与PAL和DFR关系不密切。在'美早'果实发育过程中，PAL、4CL、CHS、CHI、F3H、F3'H、DFR和UFGT基因呈上调表达模式，在'13-33'中这些基因表达量总体呈逐渐降低的趋势（Wei et al.，2015）。Liu等（2013）研究表明，PacCHS、PacCHI、PacF3H、PacDFR、PacANS和PacUFGT基因表达均与'红灯'果实中花色苷积累密切相关，CHS是'红灯'果实中花青苷代谢的关键酶，UFGT是'彩虹'果实中花色苷代谢的关键酶。沈欣杰（2014）研究表明，'红灯'果实发育前期，PacCHS、PacCHI和PacF3H表达水平逐渐升高，转色期后迅速下降，成熟期迅速升高，PacDFR、PacANS和PacUFGT在果实发育前期表达水平较低，转色期后逐级升高，并维持较高的表达水平。

花色苷的合成受MYB转录因子单独或与bHLH、WD40结合形成MYB-bHLH-WD40三元复合体的调控（Lepiniec et al.，2006）。MYB调控花色苷合成上游结构基因的表达，而MYB-bHLH-WD40三元复合体主要通过调控下游结构基因的表达而影响花色苷的积累（王华等，2015）。魏海蓉（2015）利用RT-PCR技术从'美早'果实中克隆得到PaMYB10、PaMYB111、PaMYB11、PabHLH3、PabHLH13和PaWD40基因，这些基因在其茎、幼叶、花和果实中均有表达，在富含花青苷的幼叶和成熟果实中表达量较高。Jin et al.（2016）从樱桃果实中克隆得到R2R3MYB家族中的转录因子PavMYB10.1，PavMYB10.1与PavbHLH、PavWD40相互作用调控花色苷的代谢；与PavANS、PavUFGT基因的启动子区相结合，在甜樱桃果实呈色方面起重要作用。朱婷婷等（2017）研究表明，PacMYBA在甜樱桃中的表达水平与果实总花青素含量呈正相关，二者均在果实转色阶段后期维持较高的水平，推测PacMYBA基因在调控'红灯'甜樱桃果实花青素合成起着重要作用。PacMYBA在甜樱桃果皮和果肉中表达量最高，与花色苷的积累显著相关，其表达受ABA的调控，外源施用ABA能显著促进樱桃果实花色苷的合成。ABA作为一种信号分子参与了甜樱桃果实花色苷的合成（Shen et al.，2014）。

花色苷合成也受光照、温度等环境因子的影响。光除了作为植物光合作用的能量，还能作为光信号调控植物生长发育，而植物感受这些光信号是通过光受体完成。UVR8（UV resistance locus 8）是目前唯一被描述的植物紫外光B（UV-B）特异受体，能感受环境中的UV-B，从而调控植物生长发育进程。杨涛等（2017）从甜樱桃品种'红灯'中克隆得到PacUVR8基因；该基因随着'黑樱桃'和'红灯'果实成熟，果皮颜色逐渐变红，表达量逐渐上升，在黄色品种'佐藤锦'成熟时期表达量先增长后减少，在转色期的20天表达量最高。本研究为甜樱桃光受体对光应答的分子机理及解释甜樱桃着色分子机制提供了一定的理论依据。

5. 裂果机理评价

裂果是影响樱桃果品质量和经济效益的重要问题之一，其影响程度在不同品种间和不同年份间差别很大，特别是在果实成熟期遇到多雨的年份，有的品种裂果率可超过80%，严重影响樱桃园的经济效益。裂果是一种生理性病害，引起裂果的原因很多。大量研究表明，裂果的发生是表皮或角质层直接吸收水分的结果。果汁含糖量引起的高渗透势使表面附着的水分跨过角质层进入果实，以平衡内

图38 樱桃成熟后期果顶开裂（杨雪 梅 供图）　　图39 樱桃成熟期梗端裂果（杨雪 梅 供图）　　图40 '美早'采前侧裂（魏国芹 摄影）

图41 日本甜樱桃避雨栽培模式1（崔冬冬 摄影）　　图42 日本甜樱桃避雨栽培模式2（崔冬冬 摄影）

外渗透势差，引起果实体积膨大，直到超过果皮的伸展限度，引发裂果。该过程受果汁渗透浓度、果皮延展性及果皮渗透性直接影响（张琪静等，2014）。

　　甜樱桃裂果率与品种表皮结构差异有关。抗裂果甜樱桃品种表皮细胞内壁较薄，下表皮细胞较大，单位面积下表皮细胞数量较少（Demirsoy & Demirsoy，2004）。果实内含物含量改变也会诱发裂果发生。与甜樱桃裂果相关的内含物主要包括内源激素、相关酶物质、膨胀素等。脱落酸（ABA）含量高的品种易裂果，原因可能是ABA具有加速细胞衰老的功能，导致果皮易裂。果皮细胞水解酶类与氧化酶类对裂果影响明显，抗裂果品种果皮的果胶甲酯酶活性、果胶酶活性比易裂果品种果皮的酶活性高，超氧化物歧化酶（SOD）活性高的果实不易裂果，抗裂果品种中与细胞壁结合型的多酚氧化酶（PPO）、过氧化物酶（POD）活性明显偏低（李建国等，2003）。

　　甜樱桃裂果可分为顶裂（图38）、梗端裂（图39）及侧裂（图40）3个类型（Simon，2016）。顶裂是发生在果实顶部小的裂口，梗端裂是围绕在果梗部位圆形及半圆形裂纹，顶裂及梗端裂裂痕浅，通常在果实发育早期发生，随着果实的生长，微裂伤口能愈合。樱桃裂果通常发生在果实顶部。侧裂通常发生很深，从果颊部发生，穿透果肉组织直到果核，其引发的伤口易引起真菌及细菌侵染。延着果梗或果顶方向的侧裂主要来自树体根部吸收通过维管系统进入果实的水分。Measham et al.（2010）研究表明，不同的吸水方式能产生不同的裂果类型。夏季午后下雨容易引起侧裂，过多的水分通过根系吸水进入树体，引起水势及果实膨压增加导致裂果。

　　果实中矿质营养的含量与裂果关系密切。通常认为钙、钾、镁、硼等元素含量对裂果影响较大。对甜樱桃裂果影响最大的矿质元素是钙，钙对裂果的影响机理有两方面：一是钙离子能作为磷脂中的磷酸与蛋白质羧基间连接的桥梁，增强细胞膜结构的稳定性，细胞内的钙离子还可作为"第二信使"通过钙调蛋白（CAM）调节酶的活性和细胞外离子环境，保证矿质元素和激素平衡，促进果实生长发育，提高抵抗力，减少裂果（谢玉明等，2003）；

二是钙也是细胞壁的重要组成部分，与果胶质结合形成钙盐，能够增强细胞壁的弹性和机械强度。缺钙后细胞壁厚，收缩性和稳定性均下降，抗裂能力降低，易裂果（张阁等，2008）。在树体钙元素缺少的情况下施钙可以明显降低裂果率。除钙外，钾是影响裂果的另一重要矿质元素。钾是生物体中多种酶的活化剂，能保持原生质胶体的理化性质，保证胶体具有一定的分散度、水化度、黏滞性与弹性，使细胞保持较高渗透压和膨压，为细胞分裂、细胞壁延伸及细胞扩张提供动力，促进细胞生长（魏国芹等，2011）。适宜钾离子浓度对增加果皮硬度起到良好的调节作用。果实发育前期缺钾会导致裂果，果实发育后期钾浓度过高，同样会导致裂果，原因可能是过量的钾离子使果皮粗厚，同时过量钾对钙离子产生拮抗作用，影响钙的吸收，果胶钙合成减少，诱发裂果。

生产中可以考虑选育抗裂果品种、加强栽培管理、喷施抗裂果化学物质、搭建避雨设施等措施来预防樱桃果实裂果。不同品种、不同成熟期果实裂果差异很大，可根据当地雨季来临时期选择不同成熟期的品种，使成熟期与雨季错开，从而避免裂果。同一品种不同栽培条件下裂果程度也不相同，应因地制宜，选择适应当地气候条件的优良抗裂性强品种作为主栽品种（张琪静等，2014）。目前，对抗裂果有效化学物质主要包括4类：植物营养物质、植物生长调节剂、抗蒸腾剂、蜡质乳化剂。其中矿质元素中以钙盐对裂果的防治效果最好，$CaCl_2$、$Ca(NO_3)_2$和$Ca(OH)_2$等均可用来减轻裂果，喷施浓度为0.35%~1%，通常在果实发育期分3次进行叶面喷施。在甜樱桃果实发育初期喷施适量微量元素营养液，可增强树体营养，有效减轻裂果。有些甜樱桃产区也采用喷施GA_3的方法来减轻裂果，同时也起到增加果实大小的作用。在成熟期喷施抗蒸腾剂和蜡质乳化剂可防止果实表面水分渗入果实内部，保持果实内部水分稳定，降低裂果率。在雨后15~20分钟内喷施湿润剂也可减轻裂果程度（魏国芹等，2011）。

搭建避雨设施是防止樱桃裂果最有效的途径，也是现代农业栽培中预防樱桃裂果最常用的方法（图41~图43）。李延菊等（2014）研究表明，采用透光率80%的聚乙烯篷布为覆盖材料的避雨设施，

图43 日本甜樱桃避雨栽培模式3（崔冬冬 摄影）

图44 樱桃贮藏期生理病害凹陷（张雪丹 摄影）　图45 '拉宾斯'贮藏后期根霉病（张雪丹 摄影）　图46 '拉宾斯'贮藏期灰霉病（张雪丹 摄影）

温度、湿度日变化较露地相对平稳，光照强度显著低于露地；树体新梢细长、叶面积增大，叶片叶绿素含量上升，光合速率降低；成熟期延迟2～3天，果实品质与露地栽培差异不显著；裂果率控制在5%以下，显著低于露地，能有效控制裂果的发生。钱东南等（2013）研究表明，在中国樱桃品种'短柄樱桃'接近成熟时遇雨的年份，采用避雨设施栽培，裂果率≤1.0%；第1次采果期较露地栽培晚2～3天，田间采收期比露地栽培延长4～6天；可做到果实完熟时采收，明显提高果实品质，且采摘不受天气影响。洪莉（2013）研究表明，与露地相比，避雨栽培结合地膜覆盖和叶面喷施钙肥效果最好，平均裂果率降低25.7%。

6. 采后生理和贮藏保鲜评价

樱桃果实肉软、皮薄、汁多，属于不耐贮运的易腐烂水果，再加上采收上市时间正值5～7月高温季节，采后贮藏期间极易出现枯梗、褐变、果实软化、腐烂变质和风味变淡等现象，使市场供应期受到极大限制（图44～图46）。国内外学者对甜樱桃的采后生理与贮藏保鲜技术开展了大量的研究工作。

甜樱桃属于非呼吸跃变型果实，在成熟及贮藏过程中其呼吸强度一直呈下降趋势。与其他水果相比，其呼吸强度中等，但因品种不同，贮藏条件不同，呼吸强度的差异也较大，通常早熟品种果实的呼吸强度要高于晚熟品种，因此，早熟品种较不耐贮藏。影响呼吸作用的因素有品种、成熟度、温度、气体成分、机械损伤、压强等，其中贮藏温度对其影响最大。甜樱桃的呼吸强度随着贮藏温度的升高而增强，一般温度每升高10℃，其呼吸强度可提高约1.5倍，即温度系数（Q10）为2.5（兰鑫哲等，2011）。低温对樱桃果实的呼吸有抑制作用，

因此，在温度高的季节里，采用预冷排出田间热和呼吸热减缓果实生理代谢可达到延长保鲜期的目的（洪静华等，2015）。

乙烯是果实成熟催化剂，在樱桃贮藏过程中果实向外释放乙烯，促进果实生理活动，加速衰老。研究表明，甜樱桃果实后熟过程中乙烯释放量显著增大，并像呼吸跃变型果实一样积累1-氨基环丙烷1-羧酸（1-Aminocylopropane-1-carboxylic acid，ACC）和丙二酰基ACC（Malonyl-1-Aminocylopropane-1-carboxylic acid，MACC），未成熟甜樱桃果实采后乙烯释放量仍然保持在一个极低的水平上，但当果实进入后熟阶段时则大幅上升，直至果实达到完熟，对未成熟甜樱桃果实进行采后乙烯处理可以造成呼吸强度和乙烯释放量的提高，因此认为乙烯可能是甜樱桃果实后熟及衰老进程的启动子（姜爱丽等，2002）。甜樱桃果实的乙烯释放量与贮藏效果之间存在一定相关性，贮藏效果较好的果肉乙烯含量比同期对照组低，表明乙烯对甜樱桃果实的采后衰老进程存在一定影响。贮藏效果越好乙烯含量越低，并且高浓度的CO_2可以显著地抑制甜樱桃果实乙烯的释放（Jiang et al.，2002）。

樱桃贮藏过程中多酚氧化酶（Polyphenol oxidase，PPO）、苯丙氨酸解氨酶（Phenylalanine ammonia-lyase，PAL）活性升高，果肉发生褐变；过氧化物酶（Peroxidase，POD）可降解果实中的吲哚乙酸，引起果实衰老。但随着褐变进一步加深，PAL、PPO、POD活性又有所下降，当果实受到热处理后3种酶活性受到抑制但褐变仍在进行，表明酶促反应并不是果实褐变的唯一原因（焦中高等，2003）。在果实成熟过程中脂氧合酶（Lipoxygenase，LOX）破坏细胞膜，紊乱果实生理代谢加速机体衰老。随着多聚半乳糖醛酸酶

（Polygalacturonase，PG）、果胶甲酯酶（Pectin methylesterase，PME）、β-半乳糖苷酶（β-galactosidase，β-Gal）3种酶活性升高，果实软化随之发生（施俊凤等，2009）。甜樱桃的营养成分主要包括糖、蛋白质、有机酸、矿物质、维生素等。甜樱桃采后及贮藏期间旺盛的呼吸作用及贮藏初期有机酸的迅速分解，可能是导致甜樱桃贮后风味丧失的主要原因。在甜樱桃贮藏过程中果实还原糖、有机酸及维生素C都呈递减趋势，所以贮藏果实不论是风味品质还是营养价值都逐渐降低。

为延长甜樱桃保鲜期，提高采后品质，科研人员采取了气调贮藏、钙处理、可食性涂膜、辐照、冰温贮藏等保鲜措施。杜小琴等（2015）研究表明，气调贮藏条件下，高浓度CO_2处理能降低采后甜樱桃的呼吸强度，抑制丙二醛含量上升，维持较高的PPO、POD、PAL活性，极大降低果实的腐烂率和褐变指数，其中$5\%O_2+8\%CO_2$为最优处理组。与普通冷藏和1℃静态气调（Static controlled atmospheres，SCA）相比，动态气调（Dynamic controlled atmospheres，DCA）能更有效地抑制维生素C含量的降低，减慢丙二醛（Malondialdehyde，MDA）含量上升的速率，明显减少贮藏后期果实褐变和腐烂的发生，有效增加和保持果实的有机酸含量，并可较好地保持果实的原有风味，随贮藏时间的延长，DCA条件下果实的POD活性迅速升高，这说明动态气调更适合甜樱桃贮藏保鲜（姜爱丽等，2011）。陈嘉等（2013）研究表明，在0℃结合自发气调包装（MAP，装量5kg）条件下，采用1/4张SO_2速释保鲜纸+3包缓释保鲜剂处理的'先锋'甜樱桃贮藏60天，果实色泽良好，果梗鲜绿，药害轻微，腐烂率显著低于对照，好果率可达90%以上。

徐凌等（2009）研究表明，采前喷施不同质量分数的钙和钾处理能够抑制PG和POD的活性，减缓膜质过氧化物丙二醛（MDA）在细胞中的积累，延缓贮藏期间品质劣变速度，有效提高甜樱桃果实的品质和耐贮性能。其中，$1.5\%Ca(NO_3)_2+0.3\%KH_2PO_4$处理对减缓果实衰老，减少果实腐烂和保持甜樱桃果实品质的效果最好。樱桃采后用不同浓度$CaCl_2$处理对维持果实硬度、减缓果实软化、延缓可滴定酸下降、保持果面光泽度以及控制果实腐烂率具有显著效果（王丹等，2016）。马聪等（2012）研究表明，在整个贮藏期内，草酸处理可抑制樱桃果实可溶性固形物的升降速率，抑制呼吸强度并抑制PPO活性上升的速率，可提高过氧化氢酶（Catalase，CAT）和超氧化物歧化酶（Superoxide dismutase，SOD）活性，在第9天和第27天时还原型谷胱甘肽（Glutathione，GSH）含量明显提高，说明草酸处理可以抑制甜樱桃呼吸代谢速率并可提高甜樱桃果实的抗氧化能力。

天然食品保鲜剂具有化学合成保鲜剂无法比拟的安全、健康等优点，日益受到人们的重视。在植物源性的保鲜杀菌剂中，植物精油（Essential oil，EO）是目前研究的热点之一。肉桂精油是多组分的植物精油，主要成分肉桂醛（85%以上）具有较强的生物活性，此外还有反式肉桂酯、水杨醛、丁香酚、香兰素等。肉桂精油因其天然、安全、挥发性强等特点被认为是发展前景广阔的一种新型果蔬防腐保鲜剂。张倩等（2015）研究表明，肉桂精油处理能抑制甜樱桃果实在常温下腐烂率的上升，维持一定的果实重量和硬度，并保持较高的果实花青素和果柄叶绿素含量；对果实可溶性固形物和可滴定酸含量无显著影响，其中以15μl/L的处理防腐效果较好，但当肉桂精油浓度达到30μl/L以上时，会对果实产生伤害。采用适宜处理水平的肉桂精油处理可以抑制樱桃果实在常温下的腐烂，减少果实失重，货架期果实品质优于对照。因此，常温下肉桂精油熏蒸处理对甜樱桃具有一定的防腐保鲜效果。本研究为肉桂精油在甜樱桃采后防腐保鲜中的应用提供了理论依据。杜小琴（2016）研究表明，15μl/L百里香精油、肉桂精油熏蒸处理及$5\%O_2+8\%CO_2$的气调处理能有效抑制果实采后呼吸强度，延缓硬度、可溶性固形物、维生素C含量的下降速率，$0±1℃$贮藏50天后，3种处理的腐烂率分别为10.0%、14.4%和12.4%。两种精油处理均比气调处理更有利于减少采后甜樱桃果实水分的丧失。陈镠等（2017b）研究表明，0.1%纳米氧化锌+0.8%壳聚糖复配的壳聚糖-纳米氧化锌涂膜处理对甜樱桃果实的保鲜效果优于壳聚糖单膜处理（1.0%壳聚糖）。壳聚糖-纳米氧化锌复合涂膜处理能够使可溶性固形物、可滴定酸、维生素C含量维持在较高水平，降低果实腐烂率、失重率，有效延缓呼吸强度、MDA含量上升及CAT活性的下降，抑制POD和SOD活性。在维持甜樱桃贮藏品质和延缓衰老方面，以0.1%纳米氧化锌+0.8%壳聚糖复配的壳聚糖-纳米氧化锌复合膜处理的保鲜效果最好。研究结果为改性壳聚糖涂膜在甜樱桃贮藏保鲜中的应用提供了理论依据。

1-甲基环丙烯（1-Methylcyclopropene）1-MCP是近年来发现的一种乙烯受体阻断剂，它能与乙烯受体不可逆结合，阻断乙烯对受体的诱导作用（陈缪等，2017a）。刘尊英等（2006）研究表明，1-MCP处理的果实其色泽、风味和口感均优于对照。1-MCP处理明显能抑制甜樱桃果实褐变和腐烂率的上升及维生素C和可滴定酸含量的下降，保持了甜樱桃的新鲜品质。Gong等（2002）研究表明，1-MCP处理显著促进'宾库'和'雷尼'甜樱桃乙烯的合成，但对果实成熟过程中呼吸速率、色泽、枯梗或硬度的影响却不明显。这与1-MCP处理对呼吸跃变型果实带来的影响区别很大。李锦利（2015）证实1μl/L 1-MCP处理和壳聚糖涂膜联用对樱桃产生协同增效的作用，一方面保持了极高的果实硬度，降低了腐烂率，较好地维持了外观色泽与口感，另一方面，有效推迟了呼吸高峰出现的时间，减少了可滴定酸含量的损失及有害物质MDA的累积，明显抑制了PPO和POD的活性。1-MCP和壳聚糖涂膜复合处理可显著延长樱桃果实贮藏期，进一步改善其贮藏品质。杨娟侠等（2012）研究表明，40mg/L ClO_2结合0.5μl/L 1-MCP处理能显著降低'布鲁克斯'甜樱桃在贮藏期间的腐烂率和失重率，减缓可溶性固形物和可滴定酸含量的下降，起协同增效的作用。王阳等（2016）研究表明，ClO_2处理可明显降低樱桃果实的腐烂率，1-MCP+ClO_2处理可明显降低'萨米脱'（4～12天）、'奇好'（2～12天）樱桃果实的呼吸强度，抑制果实硬度、维生素C、可溶性固形物和可滴定酸含量的下降，延缓果实衰老，延长贮藏保鲜期。1-MCP+ClO_2处理的'萨米脱'樱桃常温贮藏6天，'奇好'樱桃常温贮藏12天，可保持较低的腐烂率和失重率，且具有良好的风味和口感。Sharma et al.（2010）研究表明，1-MCP结合己醛处理能显著提高樱桃果实硬度，增加SOD、抗坏血酸过氧化物酶（Ascorbate peroxidase，APX）活性和花色苷、总酚含量，能延长甜樱桃保鲜期，维持果实品质。张立新等（2016）研究表明，高效乙烯去除剂处理组甜樱桃的衰老进程明显放缓，保持着较高的亮度（L*值）和饱和度（C*值）、较低的色调角度（H0值），维持着较低的丙二醛含量，褐变指数显著低于其他处

理。这说明降低外源乙烯的浓度，有助于抑制甜樱桃的衰老褐变。同时，樱桃保鲜纸出色地发挥了其防腐的功效，贮藏60天时，处理组的腐烂率显著低于对照。樱桃保鲜纸和高效乙烯去除剂的组合使用，是提高采后甜樱桃好果率、提高果品贮藏和货架期品质的最优办法。

赤霉素（Gibberellic acid，GA_3）是调控某些果实成熟的内源激素之一，常被用于水果的保鲜。李夫庆等（2009）研究表明，GA_3处理降低了果实的腐烂率和果柄干枯率，减少了可溶性固形物、维生素C和可滴定酸的损失，保持较高的鲜食品质；抑制了POD和CAT活性下降及PPO活性升高，降低MDA含量的增加，以100mg/L GA_3处理的效果最佳。纳他霉素（Natamycin）是由链霉菌发酵生成的多烯类抗菌素，可有效地抑制酵母菌和霉菌的生长。纳他霉素作为一种天然的食品防腐剂已被批准应用于水果、饮料等许多食品工业中。姜爱丽等（2009）研究表明，单独的纳他霉素处理或与维生素C复配处理均可有效延长贮藏期达10天以上，尤其是复配处理可显著提高PPO、POD、PAL酶活性并使酚类物质含量增加，降低果实呼吸速率与腐烂率，保持较高的维生素C含量和硬度，单独的纳他霉素处理也具有一定的调节生理代谢与防腐作用，而单独的维生素C处理作用不明显。研究结果表明纳他霉素与维生素C复配溶液可作为天然保鲜剂在采后甜樱桃果实的实际贮运中应用。

董维（2003）研究表明，UV-C处理使甜樱桃果实呼吸速率下降，延缓可溶性固形物、可滴定酸和硬度的下降，增加花青苷积累量，降低果实采后腐烂率，推迟其果实成熟；能有效促进甜樱桃果实PAL和PPO活性的升高，延缓POD活性的降低，刺激果皮中总酚和木质素含量的增加；诱导了果实自身的抗病机制，降低了甜樱桃的采后腐烂率。静玮等（2008）研究表明，60℃20秒热水喷淋处理（Hot water rinsing and brushing，HWRB）处理能显著抑制果实的自然发病率及腐烂程度，拮抗菌的效果次之，而HWRB与拮抗菌浸泡结合处理的抑制效果最好；各处理均未影响果实的品质。对接种扩展青霉的果实，处理能够有效减少伤口94%的腐烂和病斑直径的扩大，且效果好于HWRB及拮抗菌单独处理；对接种灰葡萄孢霉的果实，拮抗菌能够显著抑制伤口的发病率和病斑直径，而HWRB处理则能完全抑制伤口的发病，结合处理并未带来更好的效

图47 樱桃嫁接后的小脚现象（尹燕雷 摄影）

图48 旱害导致植株缺水叶片发黄（魏国芹 摄影）

果。HWRB处理结合拮抗菌能成为一种理想的控制
樱桃果实采后腐烂的处理方法。崔建潮等
（2017b）研究表明，预冷处理能够显著降低果实失
重率、腐烂率和果柄褐变指数，延缓果实颜色（亮
度、色度和饱和度）和果实硬度的下降，保持较高
的可溶性固形物、可滴定酸含量，延长果实有效货
架期2～3天，对果实花青素含量影响不大；2种预冷
处理以冰水预冷效果最佳，冰水预冷较强制通风预
冷使果实降温速度快，预冷时间缩短62%，建议生
产上甜樱桃采后及时冰水预冷。

7. 矿质营养和小脚现象

矿质营养与樱桃生长发育、花芽分化、坐果率
等密切相关。温室栽培条件下，开花期至果实成熟
期，樱桃叶片中Cu、Zn含量显著下降，Fe、Mn、
Ca、Mg、K含量显著增加。果实采后生长发育阶
段，Fe含量极显著下降且略有回升，其他6种元素
变化平缓（或增加或下降）。Cu与Mn、Zn分别呈极
显著负相关和正相关，Ca与Mn和Cu、Zn分别呈极
显著正相关和负相关，K、Mg与Cu呈显著和极显著
负相关，与Mn、Fe、Ca、Mg呈显著或极显著正相关
（马建军等，2006a）。从始花期至终花期，7种矿质
营养元素含量均下降，果实进入生长发育阶段，7种
矿质营养元素含量变化表现为前期含量较高，后期含
量较低，并呈"下降—平缓—下降"的变化趋势，且
7种矿质营养元素含量变化相互间均达到极显著正相
关，生长期叶、果间Cu、Zn呈极显著正相关，Ca、
Mn呈极显著负相关。果实中7种矿质营养元素含量
大小顺序为：Ca>K>Mg>Mn>Fe>Zn>Cu（马
建军等，2006b）。刘坤等（2011）对温室甜樱桃
采后叶片矿质营养变化进行分析表明，Ca、Mn、
Zn含量升高及K、Mg、Fe含量下降是导致叶片老化
的原因之一。研究表明，野生毛樱桃生长期，果实
中Cu、Zn、Fe、Mn、Ca、Mg含量与果实生长呈负
相关，其中Zn、Mg达显著水平；叶片中Cu、Zn、
Fe、Mn、K元素与果实生长呈负相关，其中K元素
达显著水平，叶片中Ca、Mg与果实生长呈正相关，
其中Ca达显著水平。果实中各营养元素（除K外）
生长期变化相互间均达极显著正相关。叶片中Ca与
Mg呈极显著正相关，Zn、K均与Ca、Mg呈极显著
负相关，Cu与Ca呈显著负相关，K与Zn、Cu元素呈
显著正相关，Zn与Cu、Mn元素均呈显著正相关。
叶片和果实中矿质营养元素间相关性均不显著。野
生毛樱桃生长期果实生长与叶、果中矿质营养元素
间均存在着一种协同吸收互动的关系（马建军等，
2005）。

砧木直径细于接穗的小脚现象是樱桃栽培中的
常见现象（图47）。郭学民等（2017）研究表明，
以毛樱桃作砧木嫁接'美早'甜樱桃3个部位次生
木质部导管分子均为孔纹导管，单穿孔，互列纹孔
式，具有长尾导管分子、短尾导管分子和过渡阶段
的导管分子，两端具尾、一端具尾和两端无尾的导
管分子，端壁倾斜的、中间过渡类型的和两端近水

平的导管分子；与其砧木根段和接穗茎段相比较，砧木茎段两端具尾的导管分子数目多5.3%和29.8%、两端无尾的少50.0%和53.8%、两端倾斜的少3.8%和8.3%、端壁倾角小的多22.2%和66.7%、端壁倾角少9.4%和9.5%、端壁倾角小于32°的多75.0%和95.2%、端壁倾角大于52°的少33.3%和16.7%；砧木茎段导管分子长度短29.9%和21.3%，长度大于260μm的均少100%；砧木茎段导管分子宽度大19.5%和22.4%，宽度大于50μm多60.0%和80.0%，即与其他实生树相比较，'美早'甜樱桃从砧木根系、砧木茎段到接穗茎段导管宽度不匹配。'美早'甜樱桃砧木茎段木质部导管分子形态和大小与砧木根段、接穗茎段的差异可能是导致"小脚"现象的重要原因。

8. 逆境生理评价

干旱胁迫对樱桃光合特性、果实品质、内源激素等有不同程度的影响（图48）。阳姝婷（2016）研究表明，水分不足导致甜樱桃落果，严重影响了果实产量、大小和形态。干旱胁迫对甜樱桃的果皮颜色有一定的影响，随着胁迫加重樱桃亮度降低、颜色加深、饱和度降低。适度干旱胁迫能提高甜樱桃经济效益，实现节本增效。砧木选择对甜樱桃耐旱性影响显著，孟祥丽（2011）等研究表明，随干旱胁迫程度的增加，4种砧木嫁接苗叶片的过氧化氢和超氧阴离子的含量、质膜相对透性和脯氨酸含量均逐渐升高，其抗旱能力为'本溪山樱'＞'莱阳矮樱'＞'大青叶'＞'考特'。在干旱胁迫下，4种砧木品种的叶片相对含水量（RWC）、光合速率（Pn）、气孔导度（Gs）、总叶绿素含量（TChl）、最大光化学效率（Fv/Fm）出现逐渐下降的趋势；在电镜条件下，'莱阳矮樱''考特'和'大青叶'出现叶绿体超微结构受损、基粒片层解体的现象，而'本溪山樱'的叶绿体结构相对比较完整。对干旱半干旱地区种植甜樱桃，'本溪山樱'是较好的砧木选择（孙旭科等，2012）。刘方春（2014）研究表明，干旱对甜樱桃土壤微生物影响显著，一定强度的干旱可提高细菌和放线菌数量，提高细菌群落结构多样性，适当干旱对维持根际土壤细菌群落结构多样性是有益的。

甜樱桃不耐涝，因涝害死树现象普遍，给生产带来极大危害。生产实践中，'马哈利'比'东北山樱桃'耐涝。陈强等（2008a）研究表明，淹水过

程中，'东北山樱桃'呼吸速率下降幅度较大，过早积累较多乳酸以及碱化能力弱，导致细胞质酸化程度较重。丙酮酸脱羧酶（Pyruvate decarboxylase，PDC）、乳酸脱氢酶（Lactate dehydrogenase，LDH）活性在生长根和褐色木质根中均呈先升后降趋势，乙醇脱氢酶（Alcohol dehydrogenase，ADH）活性在生长根中亦先升后降，而在褐色木质根中为上升趋势，3种酶活性变化幅度表现为生长根大于褐色木质根；'东北山樱桃'ADH和LDH活性增幅大于'马哈利'，但PDC活性则相反。两类根系苹果酸脱氢酶（Malic dehydrogenase，MDH）活性均下降，生长根降幅大于褐色木质根；'东北山樱桃'MDH活性降幅大于'马哈利'。生长根对淹水的敏感性强于褐色木质根，与'马哈利'相比，'东北山樱桃'对淹水更敏感（陈强等，2008b）。王闯等（2008）研究表明，淹水过程中甜樱桃根系SOD、POD、CAT活性和H_2O_2、超氧阴离子、MDA含量变化皆呈先升后降趋势。加入硝态氮后，甜樱桃根系SOD、POD和CAT活性亦呈先升后降趋势，均高于对照；而H_2O_2、超氧阴离子、MDA含量低于对照。淹水条件下，加入硝态氮可提高抗氧化酶活性、降低活性氧含量。硝态氮减缓了淹水过程中甜樱桃根系呼吸速率的下降幅度，随硝态氮浓度升高其呼吸速率加强。淹水2～3天后，硝态氮处理的植株根系糖酵解途径（Embden meyerhof pathway，EMP）、磷酸戊糖途径（Pentose phosphate pathway，PPP）和三羧酸循环途径（Tricarboxylic acid cycle，TCA）的呼吸速率均高于对照，同时增强了根系中磷酸果糖激酶（Phosphofructokinase，PFK）、葡萄糖-6-磷酸脱氢酶（Glucose-6-phosphate dehydrogenase，G-6-PDH）和MDH的活性。硝态氮的加入可减轻甜樱桃因淹水带来的危害（王闯等，2009）。

冯立国等（2010）研究表明，在低氧胁迫下，适当提高生长介质中的硝态氮浓度可调控樱桃的根系功能及氮代谢，缓解低氧胁迫对樱桃根系的伤害。

耐热性是植物对高温环境长期适应中通过本身的遗传变异和自然选择获得的一种耐热能力。高温是限制植物分布及其引种的重要环境因素，它不仅会导致植物的生长受到严重损害，甚至会引起植株死亡，给生产带来严重损失。孟聪睿（2013）研究表明，不同高温对樱桃叶片及植株的伤害程度不

同。高温胁迫温度越高，伴随胁迫时间增强，樱桃叶片受害程度增加。温度越高，叶片内的电导率越大，且随着胁迫时间的延长，电导率的变化趋势呈"S"型曲线。叶片内丙二醛和游离脯氨酸含量随着温度的升高而增大，温度越高，其叶片内含量越多；幼苗叶片中的SOD和POD活性随温度升高大体上呈先升后降的的变化趋势，温度越高，变化趋势越明显；随着温度的不断升高，胁迫时间的延长，樱桃叶片中的类胡萝卜素含量随之减小。

为扩大樱桃的栽培区域，在沿海大城市周边轻度盐碱地上栽培，选育耐盐性强的砧木，是提高其耐盐性的有效途径。武春霞等（2014）对盐胁迫下两种樱桃叶片解剖结构进行研究表明，盐胁迫使'大青叶'叶片表皮细胞层变厚，角质层加厚，栅栏组织层变薄，海绵组织层加厚，整个叶片变薄。'四川樱桃'表皮细胞层变薄，角质层变薄，海绵组织层加厚，整个叶片变厚。'大青叶'的耐盐性明显高于'四川樱桃'。梁发辉等（2015）研究表明，在盐胁迫浓度下，与'四川樱桃'相比，'黑山樱'植株叶片具有较低的SOD活性、MDA含量和较高的Pro含量，SOD活性下降较慢，有较强的耐盐

性。在低盐浓度下，'四川樱桃'POD活性较高，有一定的调节能力，叶绿素b含量也较高，有一定的耐盐性。综合分析认为，'黑山樱'的耐盐性强于'四川樱桃'。徐慧洁（2014）研究表明，在盐胁迫下，'大青叶'樱桃相对株高、茎粗、叶片数、叶面积的平均值均最大，'黑山樱'除相对茎粗平均值外，其余3项生长指标均高于'四川樱桃'。3种野生樱桃幼苗生长期的耐盐性依次为：'大青叶'＞'黑山樱'＞'四川樱桃'。

由于甜樱桃性喜温、不耐寒、不耐涝、不耐盐碱，所以其分布和栽培区域受到限制，因此种植甜樱桃除选择抗逆性强的品种，还要选择合适的具有抗性的砧木。生产中，甜樱桃砧木不仅影响接穗的生殖生长、开花数量和时间、果实产量和品质，而且影响植株的生长和抗逆性。脱水素（Dehydrin，DHN）基因的表达受干旱、低温和高盐等多种环境胁迫诱导，与植物的胁迫抗性密切相关。徐丽等（2017）以甜樱桃砧木Y1为材料，利用RT-PCR和RACE技术克隆了甜樱桃砧木脱水素基因$PcDHN_1$，其在干旱、高盐和低温胁迫条件下受胁迫诱导而上调表达，但对低温胁迫响应比较迟缓，说明该基因可能参与了甜樱桃砧木对

图49 低温导致樱桃树干纵裂流胶（付丽 摄影）

图50 受冻害时花芽内部褐变（杨雪梅 供图）

图51 受冻害后樱桃花芽干枯（杨雪梅 供图）

干旱和高盐胁迫的耐受调节过程，为甜樱桃砧木抗逆基因工程提供了一定的参考。

冬季低温是限制樱桃产业发展的主要因子之一，冬季-20℃的低温会使其大枝纵裂流胶，甚至造成整株树死亡（图49）。王秀梅等（2017）研究表明，培土+草帘子与培土处理可有效减轻甜樱桃幼树冻害的程度，主干树皮裂口、主、枝干韧皮部褐变防寒等级均为Ⅰ级，新梢枝条萌芽率呈极显著差异，其中培土+草帘子处理的芽褐变率最低，仅为12%；草帘子、培土+毛毡处理的主干树皮裂口防寒等级为Ⅰ级，其韧皮部褐变均为Ⅱ级，新梢枝条萌芽率呈显著差异；塑料薄膜、毛毡、涂白剂、石灰水处理防护效果不理想，各形态指标冻害较为严重。试验表明，培土+草帘子处理下的甜樱桃幼树越冬能力最强，培土处理表现出防护效果次之，二者处理下可有效提高甜樱桃幼树的越冬能力，适宜在实际生产中应用推广。施海燕等（2014）研究表明，不同药剂混合使用对各项指标的影响均比单一药剂的效果好，其中天达2116 1500倍和爱多收4000倍混合药液对提高大樱桃'红灯'花器官抗寒性的效果最好，天达2116 1500倍和碧护8000倍混合使用的效果次之，单一药剂则以天达2116 1500倍效果最好。在农业生产上可以优先考虑通过冻害来临前喷施爱多收和天达2116的混合药液来提高大樱桃'红灯'的抗寒能力。付全娟等（2016）研究了春季不同程度低温对甜樱桃柱头可授性和子房冻害的影响表明，盛花期子房和柱头的低温抗性比铃铛花期更强，-1℃时铃铛花期和盛花期柱头和子房开始发生冻害，随温度的降低冻害程度显著升高；-4℃时铃铛花期和盛花期子房冻害指数分别为71.3～73.9和28.8～48.9，柱头可授率为27.1%～56.4%和53.9%～60.6%，均已出现严重冻害。同时发现-4～-1℃低温对铃铛花期和盛花期花粉活力影响较小。-1℃为春季甜樱桃开花期冻害的温度阈值，要采取相应的保温措施。甜樱桃冻害多因为降温幅度大、低温持续时间长、防寒意识差，最终导致其芽和枝条受到严重冻害（图50、图51），有些地区花芽冻害指数高达79.9，枝条冻害指数61.2。但不同砧穗组合与品种间的冻害发生程度不同。合理修剪、加强水肥、保花促果、冻害部位处理、预防"倒春寒"等预防与补救措施可以有效防止甜樱冻害发生（付全娟等，2017）。

第二节
中国樱桃种质资源的研究进展

一 中国樱桃的起源及分布

中国樱桃原产我国长江中下游，已有3000多年的栽培历史。考古工作者1965年从湖北江陵战国时期的古墓中发掘出桃种子，鉴定为中国樱桃。在古代文献中，樱桃是记载较早的一种果树。可能缘于它成熟早，加之形状和颜色珠圆红润，招人喜爱，很早就受到重视并被当做祭品。《吕氏春秋》中有："仲夏之月，……天子乃以雏尝黍，羞以含桃，先荐寝庙"。这里所说的含桃即是樱桃。西汉《尔雅·释木》中记载：楔，荆桃。郭璞注：今樱桃。晋代《西京杂记》中，关于樱桃品种的记述为：小而红者，为樱珠，紫色皮肉有细点者为紫樱，味最珍贵，正黄明者为蜡樱。司马相如的《上林赋》中罗列的水果中提到樱桃；《西京杂记》也记载上林苑里栽培有樱桃、含桃。许慎《说文解字》记有："樱，果也，从木，婴声"。这些史料表明，这是一种为人熟知的果树，而且汉代长安上林苑有栽培。唐宋时期，樱桃是极受社会各界喜爱的水果。在唐代的时候，东都洛阳栽培樱桃很多。唐太宗的《赋得樱桃春为韵诗》云："华林满芳景，洛阳遍阳春。朱颜含远日，翠色影长津。"宋代河南洛阳一带的不仅樱桃品种繁多，仅《洛阳花木记》收录的就有紫樱、蜡樱等11个品种，而且质量上乘。苏颂《图经本草》记载：樱桃处处有之，而洛中南部者最胜，其实熟时深红色，谓之朱樱；正黄明者谓之蜡樱。极大者有若弹丸，核细而肉厚，尤难得也。

山东最早栽培樱桃的文字记载见诸于北魏贾思勰《齐民要术》（533—544）："二月初，山中取栽；阳中者还种阳地，阴中者，还种阴地（若阴阳异地则难生，生亦不实，此果性。生阴地，既入园圃，便是阳中，故多难得生。宜坚实之地，不可用虚粪也。）"。16世纪50年代的一些山东地方志中相继出现樱桃的名称，说明400多年前，樱桃已成为山东省青州、临朐等地的特产。此外，诸城等地的水樱桃可追溯至明代洪武年间。据20世纪前期在湖北西部和四川长期考察和采集植物标本的威尔逊所言，樱桃在那些地方的山区很多，他收集到的近缘种就不下40种，但栽培的不多，仅湖北宜昌有栽培。后来四川省果树调查报告，在大砲山（大雪山）南北麓的原始森林中曾发现成片的野生樱桃林。1935年2月，我国林学家白荫元和德国林学家芬茨尔在陕西西部的关山考察时，曾发现有樱桃、毛樱桃等多种樱桃分布。结合上述西安、四川、洛阳等地的栽培记载，很显然，樱桃起源于我国的西部地区。另外，在江西的庐山也有野生的樱桃分布。根据《闽产录异》记载，福建西部山区有野生的樱桃。说明这种果树的野生种在我国分布比较广。随着南方育种技术的进步，著名产地也南移。除此之外。在东北、华北、中南还产一种山樱桃，也叫青肤樱。除陕西等地外，我国河北、北京等地，也分布毛樱桃。这种植物的种子很早就为我国人民采集食用。1973年，我国考古工作者曾在河北藁城台西村发现过毛樱桃的种子（罗桂环，2013）。

我国现在许多地方都有中国樱桃栽培，主要分布于我国河北、陕西、山西、甘肃、山东、江苏、浙江、江西、四川以及贵州和广西等地。北京也适于樱桃生长，北京香山卧佛寺就有一景区名叫"樱桃沟"。安徽的太和以及浙江的诸暨是中国樱桃的著名产区。现在我国樱桃以产于安徽太和的'大紫樱桃'和江苏南京近郊的'东塘樱桃'为著名。可能由于其产量较低，不易保存，一直没有成为大规模商业栽培的果树。

中国樱桃经过长期的驯化栽培，目前已有较多的地方品种和部分广泛栽培的优良品种。但是长期以来人们对个别性状优良的中国樱桃地方种质的重

视程度不够，没有采取相应的保护措施，很多地方优良种质都处于放任状态。某些地方的栽培现状也大多是零星栽培，没有形成相应的规模。

中国樱桃集中分布在山东、江苏、安徽、浙江

图52 中国樱桃优良栽培品种'诸暨短柄'（郑家祥 摄影）

图53 '莱阳短把红樱桃'（孙岩 摄影）

图54 '平度长把红樱桃'（孙岩 摄影）

图55 '崂山短把红樱桃'（孙岩 摄影）

图58 '滕县小红樱桃'（魏海蓉 摄影）

图56 '诸城黄樱桃'（杨兴华 摄影） 图57 '滕县大红樱桃'（魏海蓉 摄影）

等地。浙江省是中国樱桃的发源地之一，现集中分布在萧山、桐庐、临安、余姚、新昌、嵊县、诸暨、金华等地。主要品种有'尖嘴樱桃''短柄樱桃''短柄大果''长柄樱桃''长柄小果'，其中'诸暨短柄'（图52）果大质优，闻名全国。山东省是中国樱桃主产区之一，集中分布在福山、莱阳、平度、蜡山、安丘、诸城、五莲、莒南、临沂、费县、平邑、滕县、枣庄、莱芜和泰安等地。主要品种有'莱阳短把红樱桃'（图53）'平度长把红樱桃'（图54）'崂山红樱桃'（图55）'诸城黄樱桃'（图56）'滕县大红樱桃'（图57）'滕县小红樱桃'（图58）'大窝搂叶'（图59）等，其中'大窝搂叶'是色味俱佳的优良品种。江苏省的南京、镇江、连云港等市郊均有中国樱桃分布。主要品种有'东塘樱桃''垂丝樱桃''细叶樱桃''银珠樱桃'，其中'东塘樱桃'因果大味佳而誉传古今。河南省中国樱桃资源也比较丰富，信阳、驻马店、南阳、周口、许昌、洛阳、新乡、郑州、开封等市的多个县均有分布，比较集中的有栾川、卢氏、新安、罗山、镇平、信阳、内乡、西平、遂平、确山、正阳、平舆、泌阳、上蔡、新郑、修武、淮阳、周口市郊和郑州市郊等县市。主要品种有'郑州红樱桃'（图60）'老庄樱桃'（图61）'糙樱桃''紫红樱桃''白花樱桃''红花晚樱桃'和'洛阳金红樱'。陕西省中国樱桃集中分布在蓝田、商州、丹凤、商南、镇安、汉中、西乡、镇巴等地。主要品种有'商县甜樱桃''蓝田玛瑙樱桃''洛南酸樱桃''镇巴大黄樱桃'，其中'镇巴大黄樱桃'果个大、品质优、抗瘠薄、耐晚霜、适应性强，开发利用价值高。四川省中国樱桃集中分布在泸州、叙永、西昌等地，目前最适宜南方地区栽培的大果品种是'红妃樱桃'（图62）'乌皮樱桃'（图63）'广元大黄樱桃'（图64）和'越西樱桃'（图65）。在大雪山南北麓的原始森林中，有成片的野生樱桃株。主要品种有'大红袍樱桃''歪嘴樱桃''紫红樱桃''朱砂樱桃''凸顶红樱桃''叙永优选单株'，其中'大红袍樱桃''叙永优选单株'是开发利用较大的珍贵资源。重庆江津区也有中国樱桃分布。安徽省太和县是中国樱桃的著名产地，主要品种有'大鹰嘴'（图66）'黄金樱桃''金红樱桃''银红樱桃''杏黄樱桃'等。

中国樱桃地方种质成片栽植的主要集中在四川西昌、德昌、冕宁、蒲江、雅安、简阳、米易、

彭州、泸定等地的丘陵山地和山坡梯田地。四川木里、康定、北川、青川、丹棱、石棉、汉源、荥经、峨眉等在农户周围、丘陵坡有零星栽培。重庆巴南、涪陵有小面积栽培，主要分布于丘陵缓坡地、田边。云南蒙自、玉溪、峨山、鲁甸等地有成片栽培，主要分布于河边缓坡地、山坡梯田缓坡地等。云南石屏、晋宁、开远、安宁、富民、宜良等地有零星分布。主要在农户周围山坡及路边农户庭院。贵州贵阳、毕节、赫章、遵义等地在丘陵缓坡地也有成片樱桃的存在。贵州镇宁、威宁、安顺、普定等地在农户周围公路边有零星分布。河南郑州、南阳、洛阳等在山谷地带和丘陵河谷地有成片栽植。安徽太和在河边平原地有成片栽植。浙江仙居、诸暨在丘陵缓坡果园、山下平缓地等有成片栽植。浙江上虞在农户周围地边有零星栽植。山东枣庄、海阳、五莲、昌邑、诸城、昌乐、临沂、莱阳等有成片或小规模的栽植，主要分布于丘陵缓坡地、路两旁坡地、丘陵山谷坡地等地，而在山东临朐、安丘等地仅在丘陵缓坡梯田甜樱桃果园地边零星分布。陕西汉中、佛坪、安康、岚皋、凤县等地在路边农户周围有零星分布，而在商南丘陵山谷坡地路边有小面积栽培，陕西西乡丘陵山谷坡地有成片栽培。甘肃天水农户庭院有零星分布。湖北郧西丘陵山谷坡地有集中成片栽培。

山东是中国樱桃的重要栽培区，分布面广，除鲁西北平原及湖、洼、滨海涝洼地区外都有栽培。主要包括三大产区，一是胶东丘陵甜、酸樱桃和中国樱桃产区。该产区包括烟台、青岛全部以及五莲大部、诸城小部和日照等地。具有最适宜樱桃栽培的生态条件和许多优良品种资源。二是胶潍河谷平原中国樱桃产区。主要包括潍坊的昌乐、昌邑、潍坊、安丘、高密的全部及诸城大部、寿光南部等地。具有适宜中国樱桃栽培的生态条件和较多的中国樱桃品种资源。三是鲁南山丘中国樱桃和甜樱桃产区。主要包括津浦铁路以东的临沂大部和枣庄、泗水、曲阜、邹城等地，有'大窝搂叶'等著名的中国樱桃优良品种资源。适宜栽培中国樱桃和欧洲甜樱桃（山东省果树研究所，1996）。

■二 中国樱桃种质资源的调查、收集与保存

我国科研工作者对中国樱桃种质资源进行了大量的调查、收集和保存工作。刘华堂等（1992）经过4

图59 '大窝揉叶'（魏海蓉 摄影）

图60 '郑州红樱桃'（曹尚银 供图）

图61 '河南老庄樱桃'（曹尚银 供图）

图62 '红妃樱桃'是唯一适宜南方短低温大果型高糖中国樱桃品种（尹志刚 摄影）

图63 中国樱桃优良栽培品种 '重庆乌皮樱桃'（郑家祥 摄影）

图64 四川 '广元大黄樱桃'（曹尚银 供图）

图65 四川省优良中国樱桃栽培种 '越西樱桃'（曹尚银 供图）

图66 安徽 '大鹰嘴樱桃'（孙其宝 摄影）

图67 '黑珍珠樱桃'又名 '乌皮樱桃'（杨兴华 摄影）

年的调查，基本摸清了潍坊市的樱桃资源，共调查了21个品种。潍坊市12个县（市、区）皆有樱桃栽培，安丘、五莲、诸城等县（市）为集中分布区，面积、株数、产量均占全市80%以上。成顶山（安丘）、大山（诸城、五莲）、长山朵（五莲）3个山区又占3县市的80%以上。王其仓等（1991）调查了山东莱阳市的中国樱桃资源，发现8个品种，并对其优劣性进行了初步评价。王白坡等（1990）对浙江省的樱桃栽培资源分布做了调查。侯尚谦等（1987）调查了河南的樱桃资源，发现16个中国樱桃品种，河南栽培樱桃约41万株，其中中国樱桃占99%左右，其次是少量欧洲甜樱桃。另外，四川叙永、河南卢氏、陕西西乡、湖南湘西等地区也有樱桃种质资源的调查报道。

欧茂华（2012）调查发现贵州共有樱桃属果树16个种，其中典型樱桃亚属的12个种，矮生樱桃亚属的4个种。在这些种中，贵州本地野生的有13个种，其中本地樱桃为贵州特有种，其余3个种为引种栽培。李金强等（2009）对贵州省11个县市、14个乡镇、1个科研单位和18个村进行中国樱桃种质资源调查发现，贵州樱桃从果实颜色来分，大体可分为红樱桃、黄樱桃、白水樱桃等，共有23个株系，最大树龄达30年之久。表现较好的品种有贵阳市乌当区下坝乡岩山村种植的 '黑珍珠樱桃'（图67），贵阳市石头塞乡的本地红樱桃，青岩镇小山村本地红樱桃，清镇市白花湖乡的本地红樱桃、白水樱桃和野生小樱桃，镇宁布依族苗族自治县大山乡石坡村的本地红樱桃，关岭布依族苗族自治县关索镇高坡村的本地红樱桃，遵义县山岔镇红樱村的本地黄樱桃，大方县双山镇归化村的本地红樱桃，毕节市撒拉溪镇拉溪村的本地红樱桃，威宁彝族回族苗族自治县龙街镇龙湖村的本地红樱桃等。同时调查樱桃品种的植物学特征和果实性状，并对优质种质资源进行了登记、拍照，同时建立了贵州樱桃管理档案及相关资料系统。

从2010—2015年，陈涛等（2016）利用5年的时间对中国樱桃资源持续地实地考察，对分布于四川、重庆、云南、贵州、河南、安徽、山东、浙江、江苏、陕西、甘肃以及湖北等12个省（直辖市）66个县106个乡镇的中国樱桃地方种质遗传资源现状有了较深入的了解，调查发现，中国樱桃地方种质具有广泛的地理分布和多样化的生境，其栽培群体主要在我国西南地区和华北地区，江浙一带也有一定分布，不仅涵盖云贵高原，也遍布四川盆地以及山周，华北平原也广泛分布。东西跨度为最西端的四川木里到最东端的山东海阳，南北跨度为最南端的云南开远到最北端的山东海阳，海拔从最低（山东昌邑）到最高（四川木里）的区域都有栽培分布。它们遍布高山陡坡、丘陵缓坡、河谷、梯田地和农户房屋周围。调查考察的同时，采集了471份中国樱桃资源的叶样，进行硅胶干燥室内保存，通过嫁接和实生繁殖对约200份优良种质进行田间保存，已有117份嫁接苗和49份种质的实生苗存活，保存于四川农业大学教学科研园区。

三 中国樱桃种质资源的评价

我国拥有丰富的中国樱桃种质资源，科研人员对其表型遗传多样性进行了大量研究。中国樱桃果色、单果质量、可溶性固形物、耐贮性、成熟期等表型性状存在显著差异（黄晓姣，2013a）。刘胤（2016）对我国山东、河南、安徽、四川、云南、贵州和重庆7个省（直辖市）80余份中国樱桃地方种质叶片、果实及果核等26个表型性状的遗传多样性进行评价表明，山东、河南和安徽的材料聚为一类，为华北类群；四川、云南、贵州和重庆的材料聚为另一类，为西南类群，不同地理分布群体的中国樱桃表型多样性存在差异。

中国樱桃种质资源分子遗传多样性也比较丰富。陈涛等（2012）利用叶绿体基因间隔序列trnQ-rps16对中国樱桃主要分布区的中国樱桃地方种质及野生群体共200余份材料的叶绿体遗传多样性及群体遗传结构进行了评价，初步探讨了野生群体和地方种质的遗传关系及中国樱桃的起源。宗余等（2016）基于前期中国樱桃优良品种'短柄'不同休眠期花芽转

录组数据，筛选出合适的中国樱桃EST-SSR引物，对中国樱桃地方品种和野生近缘种进行遗传多样性分析表明，浙江省的中国樱桃种质资源遗传多样性丰富，这为中国樱桃种质资源的保存利用和分子标记辅助育种奠定了基础。张静（2016）基于中国樱桃自身基因组开发出17对SSR引物，对我国11省（自治区、直辖市）60余县市542份中国樱桃（338份中国樱桃地方种质和204份野生资源）进行遗传多样性分析，表明栽培中国樱桃类群可划分为四川盆地及川内周边和云贵高原类群及秦岭和华北华东平原两大亚类群，与地理分布表现出一定的相关性。野生群体内部则表现出明显的混合、交叉，没有明显的群体结构。中国樱桃的遗传变异主要存在于群体内部。高天翔等（2016）利用SSR分子标记技术分析中国樱桃14个自然居群280个品种的遗传多样性和遗传结构表明，中国樱桃在居群水平和物种水平上均具有较高的遗传多样性。黄晓姣等（2013b）利用共显性分子标记对我国137份中国樱桃资源的遗传多样性及群体遗传结构进行了分析，该研究所用位点具有较高的多态性，樱桃资源具有丰富的遗传多样性；总体水平上，中国樱桃地方种质群体表现为杂合子不足现象，而在部分群体内，则表现为杂合子过剩的现象。何文（2014）基于ITS序列对有代表性的栽培中国樱桃18个群体共154个品种的遗传多样性及其群体遗传结构进行分析表明，栽培中国樱桃在驯化过程中所产生的奠基者效应及瓶颈效应可能是导致群体遗传多样性丢失的主要原因，而较长的世代周期及较短的分化时间可能导致了群体间低的遗传分化。

汪祖华等（1989）对13个中国樱桃地方品种的花粉形态进行了观察，并根据花粉粒由小到大，形状由长球形向超长球形发展，极面区萌发沟延伸程度由深到浅，外壁纹饰的条纹宽度有粗到细和条纹的排列方式，穿孔的由无到有的演化途径，表明山东是中国樱桃栽培品种的发源地之一，南方樱桃品种较进化。刘珠琴等（2017）分析了12个中国樱桃的花粉量、花粉萌发和花粉管生长特性，不同品种单个花药内花粉量差异显著，'乌皮樱桃'花粉量最多，南方'红珍珠'最少。花粉萌发率和花粉管长度也因品种而异。杜含梅（2015）对四川、重庆、陕西和河南等地的中国樱桃及其近缘种的染色体数目和核型特征进行了分析，为杂交育种、物种系统发育关系和中国樱桃种质间进化关系提供一定的参考依据。

第三节
樱桃资源商品化进程

一 销售模式

中国樱桃大部分是零星栽植，没有实现规模化生产，多自产自销，主要以家庭农场采摘园的形式进行销售（图68、图69）。近年来，甜樱桃资源的商品化逐渐形成规模。甜樱桃传统的流通模式主要包括零售、批发、农超对接等模式，休闲采摘和举办樱桃节也是近几年各地积极销售樱桃的主要方式之一（图70～图72）。其中，零售模式是指种植户直接在集市、农贸市场和旅游景点或电商平台等地进行销售，该模式适合产量较少的分散种植户；批发模式是批发商直接去甜樱桃种植合作社或联盟组织进行收购，然后再直接或间接在农贸市场、大型超市或电商平台上等进行销售，也是目前山东省甜樱桃果品流通的主要模式；农超对接的模式主要指甜樱桃种植户与水果经销商如菜市场、超市以及商场等签订合作的意向协议，由种植户直接为这些商家提供货源的模式，把分散的生产户与大市场集中统一起来，从而提高市场的运行效率。

随着互联网电子商务的迅速发展，电商销售果品流通模式日趋活跃，一些地区纷纷建立水果行业信息网站，以便能够为该地区的水果销售提供更多的政府服务与销售信息的支持，这为电商销售的发展提供了有利的互联网平台。顺丰、天天果园、天猫、京东等电商平台加入生鲜产品销售，特别是顺丰快递更是在产地市场进行交易，按要求收购合格果品，进行分级、包装，预冷后快速销往全国市场。在推动甜樱桃流通且价格降低的市场力量中，生鲜电商是其中的一个重要组成部分，规模最大的是天天果园，它占据了2014年中国电商甜樱桃进口量的一半，同时它也是中国内地最大的生鲜水果电

商。2013年天天果园举办了美国驻华大使骆家辉全国卖樱桃活动，活动期间199元2kg的促销价格，迅速提高了甜樱桃知名度，销售火爆；2014年，他们抛出各种团购、优惠活动，以往金贵的甜樱桃，售价有时低至38元/kg。当年年底，生鲜电商们发起的基于微信平台的团购大战，不仅推高了甜樱桃的销售量，更是通过微信生态的传播，在短期内形成一股消费热潮。据天天果园创始人兼CEO王伟披露，天天果园2014年的销售规模达到了5亿元。2015年，福山区与阿里巴巴合作实施"千县万村"农村淘宝项目，自正式运营以来，充分发挥了中心枢纽和辐射带动作用，并成立了"福山福樱天下"农村淘宝团队，首批31家农村淘宝村级服务站开始运营，在2016阿里年货节最后7天的时间实现了380余万元的交易额。

从果品的流通来源来看，山东省甜樱桃主要来自国内露地生产和设施促成栽培，部分为北美和南半球进口。供应期一般在11月中旬至翌年9月中旬。简易日光温室生产甜樱桃一般3月上旬开始上市，4月上中旬结束，主产区大连瓦房店等，主栽品种为'美早''萨米脱''红灯'，价格高；塑料大棚栽培甜樱桃一般4月上中旬至5月上中旬，主产区山东临朐、平度、福山、栖霞、莱山等，主栽品种'红灯''先锋''拉宾斯''雷尼'等；露地栽培上市时间为4月下旬至7月上旬，产区上市顺序大致为四川汉源，河南新郑，陕西铜川、渭南、灞桥、山东枣庄、泰安、沂源、冠县、临朐、平度、五莲、海阳、福山、威海，河北山海关，北京，甘肃天水，辽宁大连，青海乐都等，早熟或晚熟品种价格较高；北美太平洋沿岸加利福尼亚州、华盛顿州等地区，从5月中旬至8月中旬，特别是7～8月份数量多；南半球智利、澳大利亚

图68 中国樱桃以采摘园的形式进行销售（刘亚东 摄影）

图69 中国樱桃以家庭农场的形式进行销售（尹志刚 摄影）

图70 甜樱桃零售模式（田长平 摄影）

图71 中国樱桃农超对接销售模式（尹志刚 摄影）

图72 樱桃产地举办樱桃节促进樱桃贸易（田长平 摄影）

和新西兰进口甜樱桃，上市时间为每年的11月中旬至翌年2月下旬，但果品新鲜度较差。

从销售的目的地来看，山东省生产的甜樱桃一部分销往省内市场，包括济南、烟台、潍坊等地，大部分通过客商销售到北京、上海、广州、长沙、南京、杭州、成都、哈尔滨等一、二线城市，近年来销售范围不断扩大至全国。

从山东省境内果品上市时间来看，塑料大棚栽培甜樱桃一般4月上旬至5月上中旬上市，主产区为山东临朐、平度、福山、栖霞、莱山等，主栽品种'红灯''美早''先锋''拉宾斯''雷尼'等；露地栽培上市时间为5月上旬至6月中下旬，产区上市顺序大致为山亭、邹城、新泰、岱岳、沂源、冠县、临朐、平度、五莲、海阳、福山、威海，早熟或晚熟品种价格较高。

二 对外贸易

世界甜樱桃出口国主要集中在美洲和欧洲（表

3），从2014年起，处于南半球的智利甜樱桃出口量一跃超过美国，成为全球最大的甜樱桃出口国。智利甜樱桃最大的出口市场是远东，2015年出口远东地区7.00万t，占同年出口量的86%，而远东地区最大的消费市场是中国，2015—2016年智利甜樱桃出口中国大陆为6.62万t，占甜樱桃亚洲市场份额的95%。美国作为全球第二大甜樱桃出口国，在2012年出口量达到历史最高水平的10.56万t，2015年出口量较2014年有所下降，为7.33万t。美国有2个甜樱桃产区——加州产区和西北产区，主要出口加拿大、中国、日本和韩国等国家。土耳其作为亚洲第一大甜樱桃出口国，樱桃主要出口欧盟和俄罗斯等欧洲国家。智利、美国和土耳其作为世界前3位甜樱桃出口国，其2013年出口量占世界的49%，这3个国家对世界甜樱桃出口贸易起到主导作用。

我国甜樱桃对外贸易主要以进口为主，进口量飞速增长。2014年起，中国甜樱桃进口量已超过俄罗斯，成为世界上最大的甜樱桃消费市场。在2013年以前，我国进口甜樱桃的国家主要是智利、美

表3 2011-2015年世界甜樱桃主要出口国出口数量　　　　　　　　　　　　　（万t）

国家	2015年排名	2011年	2012年	2013年	2014年	2015年
智利	1	6.45	6.26	5.37	8.52	8.35
美国	2	7.83	10.56	6.98	8.47	7.33
土耳其	3	4.65	5.50	5.35	4.92	6.86
希腊	4	0.95	0.89	2.36	1.83	2.49
西班牙	5	2.93	2.37	2.19	3.18	2.21
奥地利	6	1.73	2.19	1.55	1.38	1.62
加拿大	7	0.71	0.76	0.62	0.85	1.24
意大利	8	1.12	0.90	1.04	0.56	0.88
叙利亚	9	0.90	0.59	0.72	0.70	0.70
波兰	10	0.50	0.73	1.02	0.40	0.51
世界	–	37.62	39.40	36.08	–	–

注：数据参考文献（崔建潮等，2017a）

表4 2010-2015年中国进口甜樱桃的国家和数量　　　　　　　　　　　　　　（t）

国家	2015年排名	2010年	2011年	2012年	2013年	2014年	2015年
智利	1	8196.0	18801.0	33048.0	30937.0	52698.0	74328.0
美国	2	2987.0	4918.0	8510.0	5915.0	10162.0	13002.0
加拿大	3	0.0	0.0	0.0	369.0	1357.0	3066.0
新西兰	4	40.0	41.0	31.0	226.0	348.0	667.0
澳大利亚	5	0.0	0.0	0.0	66.0	335.0	392.0
塔吉克斯坦	6	0.0	0.0	0.0	5.0	53.0	30.0
吉尔吉斯斯坦	7	0.0	0.0	0.0	0.0	18.0	18.0
其他国家	–	0.0	0.0	0.0	1.0	0.0	0.0
总计	–	11222.0	23760.0	41589.0	37519.0	64971.0	91502.0

注：数据参考文献（崔建潮等，2017a）

国、新西兰，2013年以后，加拿大、澳大利亚、塔吉克斯坦和吉尔吉斯斯坦甜樱桃进入我国市场。智利是中国第一大甜樱桃进口国，2015—2016年从智利进口甜樱桃达到7.43万t，约占中国进口甜樱桃的80.7%（表4）。美国为中国进口甜樱桃数量最大的北半球国家，2015年进口量为1.30万t。英属哥伦比亚省是加拿大甜樱桃出口中国的主要产区，2015年中国进口加拿大甜樱桃达到0.31万t。新西兰和澳大利亚也是我国进口甜樱桃的主要国家，主要通过空运的方式抵达国内，由于运输时间短，果实品质较高，深受国内广大消费者的青睐。2016年我国更新了进口水果准入名单，其中准入甜樱桃的进口国家包括：智利、美国、加拿大、澳大利亚、新西兰、塔吉克斯坦和吉尔吉斯斯坦。我国甜樱桃进口分为夏季（5～8月）和冬季（10月至翌年1月）2个产季，其中80%的樱桃进口集中在冬季春节前后。夏季主要从美国、加拿大和吉尔吉斯斯坦等北半球国家进口，冬季主要从智利、澳大利亚和新西兰等南半球国家进口。2015年1月樱桃进口量为4.2万t，占

全年度进口总量的46.1%；7月樱桃进口量为6755t，占全年度进口总量的7.3%。总体来说，中国甜樱桃进口市场仍有扩大空间，尽管国内甜樱桃种植有所发展，但受季节限制，甜樱桃依赖进口局面短期内不会改变。

我国进口智利的甜樱桃品种多达9个，主要为'宾库''拉宾斯''皇家黎明''桑提娜''布鲁克斯'和'雷尼'等品种；进口美国甜樱桃品种为7个，主要为'拉宾斯''甜心''宾库'等品种；进口加拿大甜樱桃品种有6个，其中以'甜心''拉宾斯''桑提娜''斯基纳'等为主，新西兰和澳大利亚出口我国的甜樱桃品种以'拉宾斯''柯迪亚''雷吉娜'等为主。

山东省甜樱桃对外贸易主要是进口，尤其是春节期间居多，目前绝大多数从智利进口，部分从澳大利亚和新西兰进口，品种有'宾库''雷尼'等。主要包括空运和海运两种运输形式，空运果品新鲜度较好，价格高，一般80～240元/kg；海运甜樱桃，采后时间长达30～50天，果品新鲜度较差，

价格40～100元/kg。3月份陆续从国内大连引进温室促成栽培的甜樱桃果实,主要品种为'美早',价格80～120元/kg。山东省甜樱桃出口量较少,仅烟台地区有少量出口。首次出口于2009年由龙口盛兴果蔬有限公司空运甜樱桃至韩国,出口量仅70kg;2010年,龙口盛兴果蔬有限公司出口数量大幅提升,运输形式为海运,出口量约6t;2011年和2012年,由于气候等原因,甜樱桃品质下降,出口暂时停滞。2016年9月,龙口盛兴果蔬有限公司恢复至韩国的出口贸易,出口量100kg。检验检疫限制是甜樱桃出口的主要困扰。据了解,韩国对进口樱桃高传入风险的检疫性有害生物共规定了16种昆虫、6种病原菌,且一旦检疫发现任何有害生物活体,将采取禁止进境、退运甚至封关等措施。

从甜樱桃贸易的用途来看,山东省甜樱桃主要用于鲜食,用于加工的数量几乎为零。据报道,土耳其2008、2009、2010年樱桃加工量分别为15万t、18万t和18万t,但原料主要是酸樱桃,甜樱桃用于加工的比例不到10%。波兰是最大的酸樱桃加工国,而西班牙是甜樱桃主要加工国家。西班牙用于加工的甜樱桃约占总量20%,智利用于加工的甜樱桃约占总量的14%,日本用于加工的甜樱桃约为8%,希腊用于加工的甜樱桃不到5%,而我国尚未形成成熟的产业化、商品化樱桃加工产业链。

三 发展对策

1. 适期采收

为提高甜樱桃优质商品果率,增加果农经济收入,应适时采收。采收过早,达不到果实应有的风味;采收过晚,果柄褐变和果实腐烂的风险加大。适宜的采收期,因品种特性、栽培管理水平、气候条件以及采收后用途来确定。采收后作为贮藏用的

甜樱桃,一般选择晚熟、肉硬、皮厚的品种,如'那翁''拉宾斯''红蜜''先锋''宾库''晚红珠'等。晚熟品种硬度大,果肉致密,应在8～9成熟时采收。作为鲜食的甜樱桃,应在樱桃完全成熟时采收。一般选择早熟品种,如'红灯''黄蜜''早大果''美早'等,采收后应在短时间内进行销售。

2. 重视采后商品化处理以延长果品供应期

转变我国甜樱桃产业"重前轻后"的观念。重视采后商品化处理,强化果实采后预冷、机械自动化分级、统一标准化包装、全程冷链运输,在运输周转过程中使用托盘叉车搬运,减少机械损伤。甜樱桃果实经过商品化处理,既有利于保持其优良品质,提高商品性,又有利于降低腐烂率,提高经济效益。同时大力推广采后保鲜技术和贮运装备,从而延长果品市场供应期,并进一步提高我国甜樱桃的经济效益。

3. 强化品牌意识,打造知名品牌

注重品牌建设,打造知名品牌,用高质量产品维护品牌。向'秋香苹果''库尔勒香梨'等著名果业品牌的建设借鉴经验,将甜樱桃品牌做大做强。

4. 加大政府扶持力度,完善果品流通体系

政府应鼓励果农成立农民专业合作社与协会,重点扶持龙头企业和种植大户,扶持成立全国性的果品流通协会等。倡导农村土地合理流转,集中规模发展樱桃产业,以降低销售成本;增强协会的引导、规范和销售推广作用。培育大型果品交易市场;大力发展观光旅游业,选择栽培更多品种,建设生态农业观光采摘园,并完善农家乐等配套接待设施,以满足现代消费者多样化需求;强化产品信息平台建设,建立广泛的网上营销网络,充分利用网络平台,加强信息交流,利用"互联网+"拓宽甜樱桃销售渠道。促进甜樱桃生产、贮藏、销售一体化发展。

第四节
中国樱桃地方品种调查与收集的思路与方法

樱桃为蔷薇科（Rosaceae）樱属（Cerasus）植物，主要分布于欧洲和亚洲。樱桃富含蛋白质、维生素、氨基酸、酚类化合物等诸多生物活性物质，营养丰富，保健功能强，深受消费者青睐，发展前景广阔（闫国华等，2008）。

樱桃属植物有30余种，世界普遍栽培的种类有欧洲甜樱桃（*Cerasus avium* L.）、酸樱桃（*Cerasus vulgaris* Mill.）、中国樱桃[*Cerasus pseudocerasus* (Lindl.) G. Don]和毛樱桃（*Cerasus tomentosa* Thunb.）等（兰士波，2012）。甜樱桃栽培面积广泛，分布在全世界20余个国家和地区。中国樱桃和毛樱桃栽培面积相对较小。中国樱桃起源于我国，广泛分布于我国西南及华北地区，迄今有3000年的栽培历史，是我国古老的栽培果树之一。经长期的驯化选择，已形成许多适应我国不同的生态气候区域的地方品种类型。

地方品种（农家品种）是指那些没有经过现代育种手段改进的、在局部地区内栽培的品种，还包括那些过时的和零星分布的品种。其在特定地区经过长期栽培和自然选择而形成的品种，对所在地区的气候和生产条件一般具有较强的适应性，并包含有丰富的基因型，具有丰富的遗传多样性，常存在特殊优异的性状基因，是果树品种改良的重要基础和优良基因来源。中国樱桃存在丰富的地方品种资源，但长期以来人们对个别性状优良的中国樱桃地方种质的重视程度不够，没有进行品种审定和采取相应的保护措施，对中国樱桃潜在的发展空间认识不足，很多地方优良种质都处于放任状态，任其自生自灭。某些地方的栽培现状也大多是零星栽培，没有形成相应的规模，遗传资源的破坏和流失情况严重。中国樱桃地方品种资源出现上述现状主要原因有：

1.欧洲甜樱桃的大量引种

欧洲甜樱桃传入我国以来，栽培面积逐渐扩大，经济效益显著，远远超过中国樱桃。由于其果个大（8～9g），较耐贮运等优势，在我国大面积栽培，使得我国对樱桃产业发展的重点集中在甜樱桃品种的培育、开发和利用上。很多果农为了提高经济收入，直接把中国樱桃资源砍伐或嫁接成主栽的甜樱桃品种，造成种质资源流失。欧洲甜樱桃在某种程度上已经取代了中国樱桃的地位。这与中国樱桃的经济性状有直接关系。

2.生境的破坏及生境质量的恶化

与其他较多植物资源一样，近年快速的城市化进程和道路建设，许多中国樱桃的分布区如四川北川、康定、青川，陕西安康，贵州普定、安顺等地，由于修建工厂、道路（特别是大规模乡村道路）而遭到严重的破坏。此外，为避免影响大田内作物生长、保持道路通畅或方便成熟时采摘，生长于田边或路边的资源大多会遭遇农户的断枝处理，致使樱桃资源处于自生自灭中。

3.中国樱桃优良栽培类型的定向选择也在一定程度上替代了原有多样的资源类型，致使一部分特异种质流失

由于长期的驯化选择和定向栽培，忽略对个别性状优良的种质的保存，大多数的中国樱桃已表现出遗传基础狭窄等问题，相对于欧洲甜樱桃而言，总体表现为果粒小、肉质薄、皮薄不耐贮运等问题。然而，中国樱桃也有自身的、甜樱桃无法取代的优良性状，如风味浓、抗逆性强、品质好、产量高等。但令人痛心的是很多的具有优良性状的中国樱桃种质因甜樱桃的大规模栽培而被淘汰，携带某些优良性状的基因也已经流失，这对于中国樱桃的发展无疑是巨大的损失。

针对这些现状，为了保存现有的中国樱桃地方品种资源，以中国农业科学院郑州果树研究所曹尚银研究员为首的科研团队，联合全国20余家高校和科研院所的科研人员，于2012年正式承担国家科技部科技基础性专项课题"我国优势产区落叶果树农家品种资源调查与收集"。在该项目的资助下，课题组成员以落叶果树地方品种为对象，开展我国主要落叶果树地方品种资源的调查、收集、整理和保护，摸清主要落叶果树地方品种家底，建立档案、数据库和地方品种资源实物和信息共享服务体系。中国樱桃地方品种资源的调查与收集是该课题中一项重要的工作内容，该项目的顺利实施对樱桃地方品种资源保护、优良基因挖掘和利用具有重要的理论与实践意义，可为果树科研、生产和创新发展提供科学数据支撑。

樱桃地方品种资源分布广泛，需要了解和掌握的信息较多，根据果树种质资源野外调查的一般方法和手段，我们制定了一套符合樱桃地方品种调查和收集的工作流程，以期在最短时间内最大程度地收集所有有效的信息。

1.调查中国樱桃优势产区地方品种的地域分布、产业和生存现状

通过收集网络信息、查阅文献资料等途径，从文字信息上掌握中国樱桃优势产区的地域分布，确定今后科学调查的区域和范围，做好前期的案头准备工作。实地走访中国樱桃种植地区，科学调查主要落叶果树的优势产区区域分布、历史演变、栽培面积、地方品种的种类和数量、产业利用状况和生存现状等情况，最终形成一套系统的相关科学调查分析报告。

2.初步调查和评价中国樱桃优势产区地方品种资源的原生境、植物学、生态适应性和重要农艺性状

对中国樱桃优势产区地方品种资源分布区域进行原生境实地调查和GPS定位等，评价原生境生存现状，调查相关植物学性状、生态适应性、栽培性能和果实品质等主要农艺性状（文字、特征数据和图片），对中国樱桃优良地方品种资源进行初步评价、收集和保存。这些工作意义重大而有效率，最后形成高质量的中国樱桃地方品种图谱、全国分布图和GIS资源分布及保护信息管理系统。

3.采集和制作中国樱桃地方品种的图片、图表、标本资料

现在，公路、铁路和航空交通都较当时有了巨大的发展，给考察工作创造了很好的条件。对中国樱桃叶、枝、花、果等性状按调查表格进行记载，并制作浸渍或腊叶标本。利用先进的笔记本电脑和高性能的数码相机进行考察，把品种图像较为准确和形象地记录下来（图73~图76）。根据需要对果实进行果品成分的分析。

4.中国樱桃地方品种遗传型和环境表型的鉴别

加强对主要生态区具有丰产、优质、抗逆等主要性状中国樱桃资源的收集保存。注重中国樱桃地方品种优良变异株系，恶劣环境条件、工矿区、城乡结合部、旧城区等地濒危和可能灭绝樱桃地方品种资源的收集、保存。

樱桃已有国家资源圃，收集到的地方品种入其国家种质资源圃保存，同时在郑州地区建立樱桃地方品种资源圃，用于集中收集、保存和评价有关地方品种资源，以确保收集到的地方品种资源得到有效保护（图77）。收集的樱桃地方品种先集中到资源圃进行初步观察和评估，鉴别"同名异物"和"同物异名"现象。着重对同一地方品种的不同类型（可能为同一遗传型的环境表型）进行观察，并用有关仪器进行简化基因组扫描分析，若确定为同一遗传型则合并保存。对不同的遗传型则建立其分子身份鉴别标记信息。

5.中国樱桃地方品种重要性状数据库和GIS信息管理系统的建立

利用樱桃资源圃保存的主要地方品种资源和实地科学调查收集的数据，建立我国主要中国樱桃优良地方品种资源的基本信息数据库，包括地理信息、主要特征数据及图片，特别是要加强图像信息的采集量，以区别于传统的单纯文字描述，对性状描述更加形象、客观和准确。

对中国樱桃优良地方品种资源进行一次全面系统的梳理和总结，摸清家底。根据前期积累的数据和建立的数据库，开发中国樱桃优良地方品种资源的GIS信息管理系统。并将相关数据上传国家农作物种质资源平台，实现信息共享。

图73 冬季调查中与种植户交流（曹尚银 摄影）

图74 调查人员测量茎粗（李好先 摄影）

图75 调查人员测量叶片相关指标（李好先 摄影）

图76 收集的樱桃资源建立资源圃（李好先 摄影）

图77 调查人员发现一棵樱桃古树（曹尚银 摄影）

中国樱桃地方品种图志

各论

泰山樱1号

Cerasus pseudocerasus (Lindl.) G. Don
'Taishanying 1'

- 调查编号：YINYLFLJ001

- 所属树种：中国樱桃 *Cerasus pseudocerasus* (Lindl.) G. Don

- 提 供 人：相昆
  电　　话：13853881982
  住　　址：山东省泰安市花园街6号

- 调 查 人：冯立娟、杨雪梅、唐海霞
  电　　话：0538-8334070
  单　　位：山东省果树研究所

- 调查地点：山东省泰安市岱岳区后中国樱桃园村

- 地理数据：GPS 数据（海拔：249m，经度：E117°04'04"，纬度：N 36°07'39"）

- 样本类型：叶、枝条

生境信息

来源于当地，生于旷野中的坡地，该土地为耕地，土壤质地为砂壤土。种植年限为20年。

植物学信息

1. 植株情况

落叶乔木，树势强，树姿开张，树形半圆形，树高3.2m，冠幅东西2.9m、南北3.1m，干高42cm，干周49cm。主干褐色，树皮块状裂，枝条密。

2. 植物学特征

小枝灰色，被稀疏柔毛。冬芽长卵形，无毛。1年生枝褐色，长度中等，节间平均长2～3.6cm，粗度中等，平均粗1.2cm，多年生枝褐色。叶片绿色，倒卵状椭圆形，骤尖，宽楔形，边有重锯齿，齿端有锥状腺体，上面绿色，或中脉被疏柔毛，下面淡绿色，无毛或被疏柔毛。叶长9.8cm，宽3.6cm，叶柄0.9cm。花纯白色，花冠蔷薇形。叶柄无毛或被疏柔毛，先端常有一对盘状腺体。托叶卵形至宽卵形，绿色，有缺刻状锯齿，齿尖有圆头状腺体。花序近伞房总状，下部苞片大多不孕或仅顶端3枚苞片腋内着花。总苞片褐色，倒卵状长圆形，先端几无毛，边有圆头状腺体。花轴被疏柔毛。苞片近圆形、宽卵形至长卵形，绿色，先端圆钝，边有盘状腺体。花梗无毛。萼筒钟状，长约5mm，外面无毛或有稀疏柔毛，萼片三角披针形，先端渐尖，边有头状腺体，与萼筒近等长或稍短。

3. 果实性状

果实圆球形，纵径0.96cm，横径0.95cm，侧径0.95cm，平均单果重1.45g以上，最大果重2.5g，果柄长1.82cm。果肉红色，成熟度较一致，风味甜，品质佳。可溶性固形物含量17.5%。

4. 生物学习性

生长势、萌芽力和发枝力强，开始结果年龄3年以上，盛果期年龄7～8年，短果枝占90%以上。坐果能力强，生理和采前落果少，丰产，大小年现象不显著。3月上旬萌芽，3月下旬至4月上旬开花，5月中上旬成熟采收，11月中旬落叶。

品种评价

风味甜，品质佳，高产，抗旱，耐瘠薄，适应性强。

生境

植株

叶片

花

果实

泰山樱 2 号

Cerasus pseudocerasus (Lindl.) G. Don
'Taishanying 2'

🔘 调查编号：　YINYLFLJ013

📇 所属树种：　中国樱桃 *Cerasus pseu-docerasus* (Lindl.) G. Don

📄 提 供 人：　相昆
　　电　　话：　13853881982
　　住　　址：　山东省泰安市花园街6号

📰 调 查 人：　冯立娟、杨雪梅、唐海霞
　　电　　话：　0538-8334070
　　单　　位：　山东省果树研究所

📍 调查地点：　山东省泰安市岱岳区后中国樱桃园村

🌐 地理数据：　GPS 数据（海拔：240m，经度：E117°02'25"，纬度：N 36°07'43"）

🖼 样本类型：　叶、枝条

🗂 生境信息

来源于当地，生于旷野中的坡地，该土地为耕地，土壤质地为砂壤土。种植年限为15年。

📋 植物学信息

1. 植株情况

落叶乔木，树势中等，树姿开张，树形半圆形，树高3.2m，冠幅东西2.6m、南北3.1m，干高42cm，干周33cm。主干褐色，树皮块状裂，枝条密。

2. 植物学特征

小枝灰色，被稀疏柔毛。冬芽长卵形，无毛。叶片倒卵状椭圆形，骤尖，宽楔形，边有重锯齿，齿端有锥状腺体，上面绿色，或中脉被疏柔毛，下面淡绿色，无毛或被疏柔毛。1年生枝褐色，长度中等，节间平均长2~3.6cm，粗度中等，平均粗1.2cm，多年生枝黄褐色。叶片长10.8cm，宽5.6cm，叶柄长1.2cm，无毛，先端常有一对盘状腺体。托叶卵形，绿色，有缺刻状锯齿，齿尖有圆头状腺体。花序近伞房总状，下部苞片大多不孕。总苞片褐色，倒卵状长圆形，先端无毛，边有圆头状腺体。花轴被疏柔毛。苞片近圆形、宽卵形至长卵形，绿色，先端圆钝，边有盘状腺体。花梗无毛。萼筒钟状，长约5mm，外面有稀疏柔毛，萼片三角披针形，先端渐尖，边有头状腺体，与萼筒近等长，花纯白色，花冠蔷薇形。

3. 果实性状

果实圆球形，纵径0.96cm，横径0.94cm，侧径0.95cm，平均单果重1.5g以上，最大果重2.45g，果柄长1.89cm。果皮和果肉均为红色，成熟度一致，风味甜，品质佳。可溶性固形物含量17.5%。

4. 生物学习性

生长势、萌芽力和发枝力中等，开始结果年龄3年以上，盛果期年龄7~8年，短果枝占80%以上。坐果能力强，生理和采前落果少，丰产，大小年现象不显著。3月上旬萌芽，3月下旬开花，5月上旬成熟采收，11月中旬落叶。

📑 品种评价

风味甜，品质佳，高产，抗旱，耐瘠薄，适应性强。

植株

花

结果状

双泉短把 1 号

Cerasus pseudocerasus (Lindl.) G. Don
'Shuangquanduanba 1'

🔘 调查编号： YINYLFLJ002

📇 所属树种： 中国樱桃 *Cerasus pseu-docerasus* (Lindl.) G. Don

📄 提 供 人： 周光友
　　电　　话： 13854893349
　　住　　址： 山东省泰安市岱岳区化马湾乡双泉村

📰 调 查 人： 尹燕雷、冯立娟、杨雪梅
　　电　　话： 0538-8334070
　　单　　位： 山东省果树研究所

📍 调查地点： 山东省泰安市岱岳区化马湾乡双泉村

🌐 地理数据： GPS 数据（海拔：265m，经度：E116°19'07"，纬度：N36°03'37"）

🖼 样本类型： 叶、枝条

🗓 生境信息

来源于当地，生于田间，土壤质地为砂壤土。种植年限为13年。

📋 植物学信息

1. 植株情况

落叶乔木，树势中等，树姿半开张，树形半圆形，树高5.5m，冠幅东西4.4m、南北5.5m，干高53cm，干周41cm。主干灰褐色，树皮块状裂，枝条密。

2. 植物学特征

小枝灰色，被稀疏柔毛。冬芽长卵形，无毛。叶片倒卵状椭圆形，骤尖，宽楔形，边有重锯齿，齿端有锥状腺体，上面绿色，或中脉被疏柔毛，下面淡绿色，无毛或被疏柔毛。1年生枝褐色，长度中等，节间平均长2.4cm，粗度中等，平均粗1.6cm，多年生枝黄褐色。叶片长9.5cm，宽3.5cm，叶柄长0.6cm，无毛或被疏柔毛，先端常有一对盘状腺体。托叶卵形，绿色，有缺刻状锯齿，齿尖有圆头状腺体。花序近伞房总状，下部苞片大多不孕或仅顶端3枚苞片腋内着花。总苞片褐色，倒卵状长圆形，先端无毛，边有圆头状腺体。花轴无毛或被疏柔毛。苞片近圆形、宽卵形至长卵形，绿色，先端圆钝，边有盘状腺体。花梗无毛或被稀疏柔毛。萼筒钟状，长约5mm，外面无毛或有稀疏柔毛，萼片三角披针形，先端渐尖，边有头状腺体，与萼筒近等长或稍短。花纯白色，花冠蔷薇形。

3. 果实性状

果实圆球形，纵径1.03cm，横径0.98cm，侧径1.02cm，平均单果重1.1g以上，最大果重1.8g，果柄长1.4cm。果皮和果肉均为红色，成熟度一致，风味甜，品质佳。可溶性固形物含量17.8%。

4. 生物学习性

生长势、萌芽力和发枝力强，开始结果年龄3年以上，盛果期年龄5~8年，短果枝占85%以上。坐果能力强，生理和采前落果少，丰产，大小年现象不显著。3月上旬萌芽，3月下旬至4月上旬开花，5月上旬成熟采收，11月中旬落叶。

📋 品种评价

风味甜，品质佳，高产，抗旱，耐瘠薄，适应性强。

植株

结果状

枝叶

果实

双泉短把2号

Cerasus pseudocerasus (Lindl.) G. Don
'Shuangquanduanba 2'

调查编号： YINYLFLJ003

所属树种： 中国樱桃 *Cerasus pseudocerasus* (Lindl.) G. Don

提供人： 周光友
电　话： 13854893349
住　址： 山东省泰安市岱岳区化马湾乡双泉村

调查人： 尹燕雷、冯立娟、杨雪梅
电　话： 0538-8334070
单　位： 山东省果树研究所

调查地点： 山东省泰安市岱岳区化马湾乡双泉村

地理数据： GPS数据（海拔：264m，经度：E116°19'12"，纬度：N 36°03'55"）

样本类型： 叶、枝条

生境信息

来源于当地，生于田间，土壤质地为砂壤土。种植年限为13年。

植物学信息

1. 植株情况

落叶乔木，树势中等，树姿半开张，树形半圆形，树高5.5m，冠幅东西3.4m、南北4.5m，干高50cm，干周43cm。

2. 植物学特征

1年生枝褐色，长度中等，节间平均长2.4cm，粗度中等，平均粗1.4cm，多年生枝黄褐色。小枝灰色，被稀疏柔毛。冬芽长卵形，无毛。叶片倒卵状椭圆形，骤尖，宽楔形，边有重锯齿，齿端有锥状腺体，上面绿色，或中脉被疏柔毛，下面淡绿色，无毛或被疏柔毛。叶片长9.2cm，宽3.6cm，叶柄长0.5cm。花白色略带粉红色，花冠蔷薇形，花瓣大而厚。主干灰褐色，树皮块状裂，枝条密。叶柄无毛或被疏柔毛，先端常有一对盘状腺体。托叶卵形，绿色，有缺刻状锯齿，齿尖有圆头状腺体。花序近伞房总状。总苞片褐色，倒卵状长圆形，先端无毛，边有圆头状腺体。花轴无毛或被疏柔毛。苞片近圆形、宽卵形至长卵形，绿色，先端圆钝，边有盘状腺体。花梗无毛或被稀疏柔毛。萼筒钟状，长约5mm，外面无毛或有稀疏柔毛，萼片三角披针形，先端渐尖，边有头状腺体，与萼筒近等长或稍短。

3. 果实性状

果实圆球形，纵径1.03cm，横径0.98cm，侧径0.97cm，平均单果重1.3g以上，最大果重2g，果柄长1.5cm。果皮和果肉均为红色，成熟度较不一致，风味甜，品质佳。可溶性固形物含量18%。

4. 生物学习性

生长势、萌芽力和发枝力强，开始结果年龄3年以上，盛果期年龄7～8年，短果枝占73%以上。坐果能力强，生理和采前落果少，丰产，大小年现象不显著。3月上旬萌芽，3月下旬至4月上旬开花，5月上旬成熟采收，11月中旬落叶。

品种评价

风味甜，品质佳，高产，抗旱，耐瘠薄，适应性强。

植株

果

常家庄樱桃 1号

Cerasus pseudocerasus (Lindl.) G. Don
'Changjiazhuangyingtao 1'

调查编号： YINYLTHX014

所属树种： 中国樱桃 *Cerasus pseudocerasus* (Lindl.) G. Don

提 供 人： 相昆
电 话： 13853881982
住 址： 山东省泰安市花园街6号

调 查 人： 唐海霞
电 话： 0538-8334070
单 位： 山东省果树研究所

调查地点： 山东省泰安市岱岳区粥店街道常家庄村

地理数据： GPS 数据（海拔：234m，经度：E117°31'41"，纬度：N36°13'03"）

样本类型： 叶、枝条

生境信息

来源于当地，生于旷野中的坡地，该土地为耕地，土壤质地为砂壤土。种植年限为30年。

植物学信息

1. 植株情况

落叶乔木，树势中等，树姿开张，树形半圆形，树高7.3m，冠幅东西4.2m、南北2.5m，干高45cm，干周36cm。主干褐色，树皮块状裂，枝条密。

2. 植物学特征

1年生枝褐色，长度中等，节间平均长2～3.6cm，粗度中等，平均粗1.1cm，多年生枝黄褐色。小枝灰色，被稀疏柔毛。冬芽长卵形，无毛。叶片倒卵状椭圆形，骤尖，宽楔形，边有重锯齿，齿端有锥状腺体，上面绿色，或中脉被疏柔毛，下面淡绿色，无毛或被疏柔毛。叶片长10.7cm，宽5.7cm，叶柄长1.2cm，无毛或被疏柔毛，先端常有一对盘状腺体。托叶卵形，绿色，有缺刻状锯齿，齿尖有圆头状腺体。花序近伞房总状，下部苞片大多不孕或仅顶端3枚苞片腋内着花。总苞片褐色，倒卵状长圆形，先端无毛，边有圆头状腺体。花轴无毛或被疏柔毛。苞片近圆形、宽卵形至长卵形，绿色，先端圆钝，边有盘状腺体。花梗无毛或被稀疏柔毛。萼筒钟状，长约5mm，外面无毛或有稀疏柔毛，萼片三角披针形，先端渐尖，边有头状腺体，与萼筒近等长或稍短。花纯白色，花冠蔷薇形。

3. 果实性状

果实圆球形，纵径1.32cm，横径0.93cm，侧径0.94cm，平均单果重1.5g以上，最大果重2.35g，果柄长1.85cm。果皮和果肉均为红色，成熟度一致，风味甜，品质佳。可溶性固形物含量17.45%。

4. 生物学习性

生长势、萌芽力和发枝力中等，开始结果年龄3年以上，盛果期年龄7～8年，短果枝占78%以上。坐果能力强，生理和采前落果少，大小年现象不显著。3月上旬萌芽，4月上旬开花，5月上旬成熟采收，11月中旬落叶。

品种评价

风味甜，品质佳，高产，抗旱，耐瘠薄，适应性强。

果实

叶片

枝条

常家庄樱桃 2号

Cerasus pseudocerasus (Lindl.) G. Don
'Changjiazhuangyingtao 2'

调查编号: YINYLTHX015

所属树种: 中国樱桃 *Cerasus pseudocerasus* (Lindl.) G. Don

提供人: 相昆
电　话: 13853881982
住　址: 山东省泰安市花园街6号

调查人: 唐海霞
电　话: 0538-8334070
单　位: 山东省果树研究所

调查地点: 山东省泰安市岱岳区粥店街道常家庄村

地理数据: GPS数据（海拔: 252m, 经度: E117°02'12", 纬度: N36°13'05"）

样本类型: 叶、枝条

生境信息

来源于当地，生于旷野中的坡地，该土地为耕地，土壤质地为砂壤土。种植年限为30年。

植物学信息

1. 植株情况

落叶乔木，树势中等，树姿开张，树形半圆形，树高8.2m，冠幅东西11.5m、南北8.1m，干高40cm，干周34cm。主干褐色，树皮块状裂，枝条密。

2. 植物学特征

1年生枝褐色，长度中等，节间平均长2～3.6cm，粗度中等，平均粗1.2cm，多年生枝黄褐色。小枝灰色，被稀疏柔毛。冬芽长卵形，无毛。叶片倒卵状椭圆形，骤尖，宽楔形，边有重锯齿，齿端有锥状腺体，上面绿色，或中脉被疏柔毛，下面淡绿色，无毛或被疏柔毛。叶片长10.5cm，宽5.7cm，叶柄长1.2cm，无毛或被疏柔毛，先端常有一对盘状腺体。托叶卵形，绿色，有缺刻状锯齿，齿尖有圆头状腺体。花序近伞房总状，下部苞片大多不孕或仅顶端3枚苞片腋内着花。花纯白色，花冠为蔷薇形。总苞片褐色，倒卵状长圆形，先端无毛，边有圆头状腺体。花轴无毛或被疏柔毛。苞片近圆形、宽卵形至长卵形，绿色，先端圆钝，边有盘状腺体。花梗无毛或被稀疏柔毛。萼筒钟状，长约5mm，外面无毛或有稀疏柔毛，萼片三角披针形，先端渐尖，边有头状腺体，与萼筒近等长或稍短。

3. 果实性状

果实圆球形，纵径1.26cm，横径1.05cm，侧径0.92cm，平均单果重1.6g以上，最大果重2.55g，果柄长1.82cm。果皮和果肉均为红色，成熟度一致，风味甜，品质佳。可溶性固形物含量17.38%。

4. 生物学习性

生长势、萌芽力和发枝力中等，开始结果年龄3年以上，盛果期年龄7～8年，短果枝占82%。坐果能力强，生理和采前落果少，丰产。3月上旬萌芽，3月下旬至4月上旬开花，5月上旬成熟采收，11月中旬落叶。

品种评价

风味甜，品质佳，高产，抗旱，耐瘠薄，适应性强。

果实

枝条

叶片

生境

常家庄樱桃3号

Cerasus pseudocerasus (Lindl.) G. Don
'Changjiazhuangyingtao 3'

调查编号：YINYLTHX016

所属树种：中国樱桃 *Cerasus pseudocerasus* (Lindl.) G. Don

提 供 人：相昆
电　　话：13853881982
住　　址：山东省泰安市花园街6号

调 查 人：唐海霞
电　　话：0538-8334070
单　　位：山东省果树研究所

调查地点：山东省泰安市岱岳区粥店街道常家庄村

地理数据：GPS 数据（海拔：263m，经度：E117°03'51"，纬度：N36°13'15"）

样本类型：叶、枝条

生境信息

来源于当地，生于旷野中的坡地，该土地为耕地，土壤质地为砂壤土。种植年限为30年。

植物学信息

1. 植株情况

落叶乔木，树势中等，树姿开张，树形半圆形，树高7.5m，冠幅东西9.8m、南北8.3m，干高40cm，干周45.2cm。主干褐色，树皮块状裂，枝条密。

2. 植物学特征

小枝灰绿色，被稀疏柔毛。冬芽长卵形，无毛。1年生枝褐色，长度中等，节间平均长2～3.6cm，粗度中等，平均粗1.1cm，多年生枝黄褐色。叶片绿色，长11.1cm，宽5.4cm，叶柄1.1cm。叶片倒卵状椭圆形，骤尖，宽楔形，边有重锯齿，齿端有锥状腺体，上面绿色，或中脉被疏柔毛，下面淡绿色，无毛或被疏柔毛。叶柄无毛或被疏柔毛，先端常有一对盘状腺体。托叶卵形，绿色，有缺刻状锯齿，齿尖有圆头状腺体。花序近伞房总状，下部苞片大多不孕。总苞片褐色，倒卵状长圆形，先端无毛，边有圆头状腺体。花轴被疏柔毛。苞片近圆形、宽卵形至长卵形，绿色，先端圆钝，边有盘状腺体。花梗无毛。萼筒钟状，长约5mm，外面有稀疏柔毛，萼片三角披针形，先端渐尖，边有头状腺体，与萼筒近等长或稍短。花纯白色，花冠蔷薇形。

3. 果实性状

果实圆球形，纵径1.18cm，横径1.02cm，侧径0.94cm，平均单果重1.5g以上，最大果重2.64g，果柄长1.76cm。果皮和果肉均为红色，成熟度一致，风味甜，品质佳。可溶性固形物含量17.7%。

4. 生物学习性

生长势、萌芽力和发枝力中等，开始结果年龄3年以上，盛果期年龄7～8年，短果枝占71%以上。生理和采前落果少，丰产，大小年现象不显著。3月上旬萌芽，3月下旬至4月上旬开花，5月上旬成熟采收，11月中旬落叶。

品种评价

风味甜，品质佳，高产，抗旱，耐瘠薄，适应性强。

果实

叶片

枝条

主干

植株

常家庄樱桃 4 号

Cerasus pseudocerasus (Lindl.) G. Don
'Changjiazhuangyingtao 4'

调查编号： YINYLTHX017

所属树种： 中国樱桃 *Cerasus pseudocerasus* (Lindl.) G. Don

提 供 人： 相昆
电　　话： 13853881982
住　　址： 山东省泰安市花园街6号

调 查 人： 尹燕雷、唐海霞
电　　话： 0538-8334070
单　　位： 山东省果树研究所

调查地点： 山东省泰安市岱岳区粥店街道常家庄村

地理数据： GPS 数据（海拔：255m，经度：E117°02'11"，纬度：N 36°13'09"）

样本类型： 叶、枝条

生境信息

来源于当地，生于旷野中的坡地，该土地为耕地，土壤质地为砂壤土。伴生树种为茶树，间作茶园，砍伐是影响该树存活的主要因素，种植年限为28年。

植物学信息

1. 植株情况

落叶乔木，树势中等，树姿开张，树形半圆形，树高7.8m，冠幅东西11.5m、南北10.3m，干高42cm，干周39.7cm。主干褐色，树皮块状裂，枝条密。

2. 植物学特征

1年生枝褐色，长度中等，节间平均长2～3.6cm，粗度中等，平均粗1.1cm，多年生枝黄褐色。小枝灰色，被稀疏柔毛。冬芽长卵形，无毛。叶片倒卵状椭圆形，骤尖，宽楔形，边有重锯齿，齿端有锥状腺体，上面绿色，或中脉被疏柔毛，下面淡绿色，无毛或被疏柔毛。叶片长10.7cm，宽5.7cm，叶柄长1.2cm，无毛或被疏柔毛，先端常有一对盘状腺体。托叶卵形，绿色，有缺刻状锯齿，齿尖有圆头状腺体。花序近伞房总状，下部苞片大多不孕或仅顶端3枚苞片腋内着花。总苞片褐色，倒卵状长圆形，先端无毛，边有圆头状腺体。花轴被疏柔毛。苞片近圆形、宽卵形至长卵形，绿色，先端圆钝。花梗无毛。萼筒钟状，长约5mm，外面有稀疏柔毛，萼片三角披针形，先端渐尖，边有头状腺体，与萼筒近等长或稍短。花纯白色，花冠蔷薇形。

3. 果实性状

果实心形，纵径0.94cm，横径0.74cm，侧径0.71cm，平均单果重1.3g以上，最大果重2.41g，果柄长1.52cm。果皮为红色，果肉黄色，成熟度较一致，风味甜，品质佳。可溶性固形物含量17.45%。

4. 生物学习性

生长势、萌芽力和发枝力中等，开始结果年龄3年以上，盛果期年龄5～6年，短果枝约占77%。坐果能力强，丰产，大小年现象不显著。3月上旬萌芽，3月下旬至4月上旬开花，5月上旬成熟采收，11月中旬落叶。

品种评价

风味酸甜适中，品质佳，抗旱，耐瘠薄，适应性强。

生境

植株

叶片

果实

常家庄樱桃 5号

Cerasus pseudocerasus (Lindl.) G. Don
'Changjiazhuangyingtao 5'

调查编号：YINYLTHX018

所属树种：中国樱桃 *Cerasus pseu-docerasus* (Lindl.) G. Don

提 供 人：相昆
电　　话：13853881982
住　　址：山东省泰安市花园街6号

调 查 人：唐海霞、冯立娟
电　　话：0538-8334070
单　　位：山东省果树研究所

调查地点：山东省泰安市岱岳区粥店街道常家庄村

地理数据：GPS 数据（海拔：264m，经度：E117°02'10"，纬度：N 36°13'09"）

样本类型：叶、枝条

生境信息

来源于当地，生于旷野中的坡地，该土地为耕地，土壤质地为砂壤土。种植年限为30年。

植物学信息

1. 植株情况

落叶乔木，树势中等，树姿开张，树形半圆形，树高7.7m，冠幅东西11.8m、南北11.3m，干高41cm，干周44.3cm。主干褐色，树皮块状裂，枝条密。

2. 植物学特征

1年生枝褐色，长度中等，节间平均长2～3.6cm，粗度中等，平均粗1.1cm，多年生枝黄褐色。叶片绿色，长10.5cm，宽5.8cm，叶柄1.2cm。叶柄无毛或被疏柔毛，先端常有一对盘状腺体。托叶卵形，绿色，有缺刻状锯齿，齿尖有圆头状腺体。花序近伞房总状，下部苞片大多不孕或仅顶端3枚苞片腋内着花。总苞片褐色，倒卵状长圆形，先端无毛，边有圆头状腺体。苞片近圆形、宽卵形至长卵形，绿色，先端圆钝，边有盘状腺体。花梗无毛。萼筒钟状，长约5mm，外面有稀疏柔毛，萼片三角披针形，先端渐尖，边有头状腺体，与萼筒近等长。花纯白色，花冠蔷薇形。

3. 果实性状

果实圆球形，纵径0.89cm，横径0.91cm，侧径0.88cm，平均单果重1.3g以上，最大果重1.8g，果柄长2.1cm。果皮和果肉均为橙黄色，成熟度一致，风味甜，品质佳。可溶性固形物含量16.85%。

4. 生物学习性

生长势、萌芽力和发枝力中等，开始结果年龄3年以上，盛果期年龄6～7年，短果枝约占74%。坐果能力强，生理和采前落果少，丰产，大小年现象不显著。3月上旬萌芽，3月下旬至4月上旬开花，5月上旬成熟采收，11月中旬落叶。

品种评价

风味甜，品质优，高产，不耐积水，抗旱性一般，适应性较强。

生境

叶片

植株

果实

常家庄樱桃 6号

Cerasus pseudocerasus (Lindl.) G. Don
'Changjiazhuangyingtao 6'

调查编号： YINYLTHX019

所属树种： 中国樱桃 *Cerasus pseu-docerasus* (Lindl.) G. Don

提供人： 相昆
电话： 13853881982
住址： 山东省泰安市花园街6号

调查人： 冯立娟、唐海霞
电话： 0538-8334070
单位： 山东省果树研究所

调查地点： 山东省泰安市岱岳区粥店街道常家庄村

地理数据： GPS数据（海拔：268m，经度：E117°02'13"，纬度：N36°13'16"）

样本类型： 叶、枝条

生境信息

来源于当地，生于旷野中的坡地，该土地为山坡地，土壤质地为砂壤土。种植年限为30年。

植物学信息

1. 植株情况

落叶乔木，树势中等，树姿开张，树形半圆形，树高8.1m，冠幅东西10.9m、南北10.1m，干高39cm，干周44.3cm。主干褐色，树皮块状裂，枝条密。

2. 植物学特征

1年生枝褐色，长度中等，节间平均长2~3.6cm，粗度中等，平均粗1.1cm，多年生枝黄褐色。小枝灰色，被稀疏柔毛。冬芽长卵形，无毛。叶片倒卵状椭圆形，骤尖，宽楔形，边有重锯齿，齿端有锥状腺体，上面绿色，或中脉被疏柔毛，下面淡绿色，无毛或被疏柔毛。叶片长10.7cm，宽5.7cm，叶柄长1.2cm。花序近伞房总状，下部苞片大多不孕或仅顶端3枚苞片腋内着花。总苞片褐色，倒卵状长圆形，先端无毛，边有圆头状腺体。花轴被疏柔毛。苞片近圆形、宽卵形至长卵形，绿色，先端圆钝，边有盘状腺体。花梗无毛。萼筒钟状，萼片三角披针形，先端渐尖，边有头状腺体，与萼筒近等长或稍短。花纯白色，花冠蔷薇形。

3. 果实性状

果实圆球形，纵径0.91cm，横径0.89cm，侧径0.90cm，平均单果重1.4g以上，最大果重2.0g，果柄长1.82cm。果皮和果肉均为红色，成熟度一致，风味甜，品质佳。可溶性固形物含量17.55%。

4. 生物学习性

生长势、萌芽力和发枝力中等，开始结果年龄3年以上，盛果期年龄7~8年，短果枝占85%以上。坐果能力强，生理和采前落果少，丰产，大小年现象不显著。3月上旬萌芽，3月下旬至4月上旬开花，5月中旬成熟采收，11月中旬落叶。

品种评价

风味甜，品质佳，高产，抗旱，耐瘠薄，适应性强。

植株

叶片

枝条

生境

结果状

常家庄樱桃 7号

Cerasus pseudocerasus (Lindl.) G. Don
'Changjiazhuangyingtao 7'

调查编号：YINYLTHX023

所属树种：中国樱桃 *Cerasus pseudocerasus* (Lindl.) G. Don

提 供 人：相昆
电　　话：13853881982
住　　址：山东省泰安市花园街6号

调 查 人：尹燕雷、唐海霞
电　　话：0538-8334070
单　　位：山东省果树研究所

调查地点：山东省泰安市岱岳区粥店街道常家庄村

地理数据：GPS 数据（海拔：269m，经度：E117°02'10"，纬度：N36°13'14"）

样本类型：叶、枝条

生境信息

来源于当地，生于旷野中的坡地，该土地为耕地，土壤质地为砂壤土。种植年限为31年。

植物学信息

1. 植株情况

落叶乔木，树势中等，树姿开张，树形半圆形，树高8.5m，冠幅东西4.5m、南北3.7m，干高38cm，干周72.5cm。主干褐色，树皮块状裂，枝条密。

2. 植物学特征

1年生枝褐色，长度中等，节间平均长2～3.6cm，粗度中等，平均粗1.1cm，多年生枝黄褐色。小枝灰色，被稀疏柔毛。冬芽长卵形，无毛。叶片倒卵状椭圆形，骤尖，宽楔形，边有重锯齿，齿端有锥状腺体，上面绿色，或中脉被疏柔毛，下面淡绿色，无毛或被疏柔毛。叶片长10.5cm，宽5.3cm，叶柄长1.1cm，无毛或被疏柔毛，先端常有一对盘状腺体。托叶卵形，绿色，有缺刻状锯齿，齿尖有圆头状腺体。花序近伞房总状，下部苞片大多不孕或仅顶端3枚苞片腋内着花。总苞片褐色，倒卵状长圆形，先端无毛，边有圆头状腺体。花轴被疏柔毛。苞片近圆形、宽卵形至长卵形，绿色，先端圆钝，边有盘状腺体。花梗无毛。萼筒钟状，萼片三角披针形，先端渐尖，边有头状腺体，与萼筒近等长或稍短。花纯白色，花冠蔷薇形，花瓣较薄。

3. 果实性状

果实圆球形，纵径0.91cm，横径0.90cm，侧径0.85cm，平均单果重1.4g以上，最大果重2.37g，果柄长1.85cm。果皮和果肉均为红色，成熟度一致，风味甜，品质佳。可溶性固形物含量17.45%。

4. 生物学习性

生长势、萌芽力和发枝力中等，开始结果年龄3年以上，盛果期年龄7～8年，短果枝占82%以上。坐果能力强，生理和采前落果少，丰产，大小年现象不显著。3月上旬萌芽，3月下旬开花，5月上旬成熟采收，11月中旬落叶。

品种评价

该品种早实，风味甜，品质佳，高产，抗旱，耐瘠薄，适应性强。

果实

叶片

枝条

植株

泰山短把

Cerasus pseudocerasus (Lindl.) G. Don
'Taishanduanba'

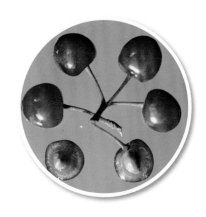

调查编号：　YINYLTHX020

所属树种：　中国樱桃 *Cerasus pseu-docerasus* (Lindl.) G. Don

提 供 人：　相昆
电　　话：　13853881982
住　　址：　山东省泰安市花园街6号

调 查 人：　尹燕雷、唐海霞
电　　话：　0538-8334070
单　　位：　山东省果树研究所

调查地点：　山东省泰安市岱岳区粥店
　　　　　　街道常家庄村

地理数据：　GPS 数据（海拔：265m，
　　　　　　经度：E117°02'11"，纬度：N36°13'24"）

样本类型：　叶、枝条

生境信息

来源于当地，生于旷野中的坡地，该土地为耕地，土壤质地为砂壤土。种植年限为30年。

植物学信息

1. 植株情况

落叶乔木，树势中等，树姿开张，树形半圆形，树高8.3m，冠幅东西12.1m、南北11.8m，干高37cm，干周53.5cm。主干褐色，树皮块状裂，枝条密。

2. 植物学特征

1年生枝褐色，长度中等，节间平均长2～3.6cm，粗度中等，平均粗1.1cm，多年生枝黄褐色。冬芽长卵形，无毛。叶片倒卵状椭圆形，骤尖，宽楔形，边有重锯齿，齿端有锥状腺体，上面绿色，或中脉被疏柔毛，下面淡绿色，无毛或被疏柔毛。叶片长10.7cm，宽5.7cm，叶柄长1.2cm，无毛或被疏柔毛。托叶卵形，绿色，有缺刻状锯齿，齿尖有圆头状腺体。花序近伞房总状，总苞片褐色，倒卵状长圆形，先端无毛，边有圆头状腺体。花轴被疏柔毛。苞片近圆形、宽卵形至长卵形，绿色，先端圆钝，边有盘状腺体。花梗无毛。萼筒钟状，长约5mm，外面有稀疏柔毛，萼片三角披针形，先端渐尖，边有头状腺体，与萼筒近等长或稍短，花纯白色，花冠蔷薇形。

3. 果实性状

果实圆球形，纵径1.06cm，横径0.93cm，侧径0.95cm，平均单果重1.43g以上，最大果重2.46g，果柄长1.6cm。果皮为红色，成熟度一致，风味甜，品质佳。可溶性固形物含量17.35%。

4. 生物学习性

生长势、萌芽力和发枝力中等，开始结果年龄3年以上，短果枝占83%以上。坐果能力强，生理和采前落果少，丰产，大小年现象不显著。3月上旬萌芽，3月下旬至4月上旬开花，5月上旬成熟采收，11月中旬落叶。

品种评价

风味甜，品质佳，高产，抗旱，耐瘠薄，适应性强。

生境

植株

叶片

结果枝

果实

北山村樱桃 1号

Cerasus pseudocerasus (Lindl.) G. Don
'Beishancunyingtao 1'

调查编号：YINYLTHX024

所属树种：中国樱桃 *Cerasus pseudocerasus* (Lindl.) G. Don

提 供 人：周光友
电　　话：13854893349
住　　址：山东省泰安市岱岳区化马湾乡双泉村

调 查 人：尹燕雷、唐海霞
电　　话：0538-8334070
单　　位：山东省果树研究所

调查地点：山东省泰安市岱岳区化马湾乡北山村

地理数据：GPS 数据（海拔：189m，经度：E117°24'48"，纬度：N36°03'47"）

样本类型：叶、枝条

生境信息

来源于当地，生于旷野中的坡地，该土地为耕地，土壤质地为砂壤土。种植年限为16年。

植物学信息

1. 植株情况

落叶乔木，树势中等，树姿开张，树形半圆形，树高8.1m，冠幅东西4.5m、南北2.7m，干高35cm，干周38cm。主干褐色，树皮块状裂，枝条密。

2. 植物学特征

1年生枝褐色，长度中等，节间平均长2～3.6cm，粗度中等，平均粗1.1cm，多年生枝黄褐色。小枝灰色，被稀疏柔毛。冬芽长卵形，无毛。叶片倒卵状椭圆形，骤尖，宽楔形，边有重锯齿，齿端有锥状腺体，上面绿色，或中脉被疏柔毛，下面淡绿色，无毛或被疏柔毛。叶片绿色，长10.7cm，宽5.7cm，叶柄长1.2cm。花纯白色，花冠蔷薇形，花瓣较薄。叶柄无毛或被疏柔毛，先端常有一对盘状腺体。托叶卵形，绿色，有缺刻状锯齿，齿尖有圆头状腺体。花序近伞房总状，下部苞片大多不孕或仅顶端3枚苞片腋内着花。总苞片褐色，倒卵状长圆形，先端无毛，边有圆头状腺体。花轴被疏柔毛。苞片近圆形、宽卵形至长卵形，绿色，先端圆钝，边有盘状腺体。花梗无毛。萼筒钟状，长约5mm，外面有稀疏柔毛，萼片三角披针形，先端渐尖，边有头状腺体，与萼筒近等长或稍短。

3. 果实性状

果实圆球形，纵径1.24cm，横径1.11cm，侧径0.94cm，平均单果重1.5g以上，最大果重2.5g，果柄长1.75cm。果皮和果肉均为红黄色，成熟度较不一致，风味酸甜适中，品质佳。可溶性固形物含量16.51%。

4. 生物学习性

生长势、萌芽力和发枝力强，开始结果年龄3年以上，短果枝占76%以上。坐果能力强，生理和采前落果少，丰产，大小年现象不显著。3月上旬萌芽，3月下旬至4月上旬开花，5月上中旬成熟采收，11月中旬落叶。

品种评价

风味酸甜，品质中，高产，较抗旱，耐瘠薄，适应性中。

花

叶片

植株

果实

北山村樱桃 2号

Cerasus pseudocerasus (Lindl.) G. Don
'Beishancunyingtao 2'

调查编号： YINYLTHX025

所属树种： 中国樱桃 *Cerasus pseudocerasus* (Lindl.) G. Don

提 供 人： 周光友
电　　话： 13854893349
住　　址： 山东省泰安市岱岳区化马湾乡双泉村

调 查 人： 唐海霞
电　　话： 0538-8334070
单　　位： 山东省果树研究所

调查地点： 山东省泰安市岱岳区化马湾乡北山村

地理数据： GPS 数据（海拔：189m，经度：E117°24'46"，纬度：N36°03'47"）

样本类型： 叶、枝条

生境信息

来源于当地，生于旷野中的坡地，该土地为耕地，土壤质地为砂壤土。种植年限为15年。

植物学信息

1. 植株情况

落叶乔木，树势中等，树姿开张，树形半圆形，树高6.5m，冠幅东西7.5m、南北6.4m，干高46cm，干周43.6cm。主干褐色，树皮块状裂，枝条密。

2. 植物学特征

1年生枝褐色，长度中等，节间平均长2~3.6cm，粗度中等，平均粗1.1cm，多年生枝黄褐色。小枝灰色，被稀疏柔毛。冬芽长卵形，无毛。叶片绿色，长10.7cm，宽5.7cm，叶柄长1.2cm。叶片倒卵状椭圆形，骤尖，宽楔形，边有重锯齿，齿端有锥状腺体，上面绿色，或中脉被疏柔毛，下面淡绿色，无毛或被疏柔毛。叶柄无毛或被疏柔毛，先端常有一对盘状腺体。托叶卵形，绿色，有缺刻状锯齿，齿尖有圆头状腺体。花序近伞房总状，下部苞片大多不孕或仅顶端3枚苞片腋内着花。总苞片褐色，倒卵状长圆形，先端无毛，边有圆头状腺体。花轴被疏柔毛。苞片近圆形、宽卵形至长卵形，绿色，先端圆钝，边有盘状腺体。花梗无毛。萼筒钟状，长约5mm，外面有稀疏柔毛，萼片三角披针形，先端渐尖，边有头状腺体，与萼筒近等长或稍短。花纯白色，花冠蔷薇形，花瓣薄。

3. 果实性状

果实圆球形，纵径0.99cm，横径0.90cm，侧径0.94cm，平均单果重1.5g以上，最大果重2.38g，果柄长1.76cm。果皮和果肉均为红色，成熟度一致，风味甜，品质佳。可溶性固形物含量16.85%。

4. 生物学习性

生长势、萌芽力和发枝力中等，开始结果年龄3年以上，盛果期年龄7~8年，短果枝占80%以上。坐果能力强，生理和采前落果少，大小年现象不显著。3月上旬萌芽，3月下旬至4月上旬开花，5月上旬成熟采收，11月中旬落叶。

品种评价

风味甜，品质佳，高产，抗旱，耐瘠薄，适应性强。

结果枝

植株

叶片

生境

王家庄小樱桃

Cerasus pseudocerasus (Lindl.) G. Don
'Wangjiazhuangxiaoyingtao'

调查编号： YINYLTHX029

所属树种： 中国樱桃 *Cerasus pseudocerasus* (Lindl.) G. Don

提 供 人： 周光友
电 话： 13854893349
住 址： 山东省泰安市岱岳区化马湾乡双泉村

调 查 人： 冯立娟、唐海霞
电 话： 0538-8334070
单 位： 山东省果树研究所

调查地点： 山东省泰安市岱岳区化马湾乡王家庄村

地理数据： GPS 数据（海拔：210m，经度：E117°22'17"，纬度：N36°04'02"）

样本类型： 叶、枝条

生境信息

来源于当地，生于旷野中的坡地，该土地为耕地，土壤质地为砂壤土。种植年限为18年。

植物学信息

1. 植株情况

落叶乔木，树势中等，树姿开张，树形半圆形，树高7.9m，冠幅东西8.1m、南北7.8m，干高48cm，干周50.6cm。主干褐色，树皮块状裂，枝条密。

2. 植物学特征

1年生枝褐色，长度中等，节间平均长2~3.6cm，粗度中等，平均粗1.1cm，多年生枝黄褐色。冬芽长卵形，无毛。叶片倒卵状椭圆形，骤尖，宽楔形，边有重锯齿，齿端有锥状腺体，上面绿色，或中脉被疏柔毛，下面淡绿色，无毛或被疏柔毛。叶片绿色，长10.7cm，宽5.7cm，叶柄长1.2cm，无毛或被疏柔毛，先端常有一对盘状腺体。托叶卵形，绿色，有缺刻状锯齿，齿尖有圆头状腺体。花序近伞房总状，总苞片褐色，倒卵状长圆形，先端无毛，边有圆头状腺体。花轴被疏柔毛。苞片近圆形、宽卵形至长卵形，绿色，先端圆钝，边有盘状腺体。花梗无毛。萼筒钟状，长约5mm，外面有稀疏柔毛，萼片三角披针形，先端渐尖，边有头状腺体，与萼筒近等长或稍短。花纯白色，花冠蔷薇形，花瓣较薄。

3. 果实性状

果实圆球形，纵径0.91cm，横径0.92cm，侧径0.94cm，平均单果重1.5g以上，最大果重2.38g，果柄长1.81cm。果皮和果肉均为红色，成熟度一致，风味甜，品质佳。可溶性固形物含量17.3%。

4. 生物学习性

生长势、萌芽力和发枝力中等，开始结果年龄3年以上，盛果期年龄6~7年，短果枝占81%以上。坐果能力强，生理和采前落果少，丰产，大小年现象不显著。3月上旬萌芽，3月下旬至4月上旬开花，5月上旬成熟采收，11月中旬落叶。

品种评价

早熟，风味酸甜适中，品质佳，高产，抗旱，耐瘠薄，适应性强。

花

植株

叶片

生境

果实

寺沟小樱桃

Cerasus pseudocerasus (Lindl.) G. Don
'Sigouxiaoyingtao'

调查编号： YINYLYXM004

所属树种： 中国樱桃 *Cerasus pseudocerasus* (Lindl.) G. Don

提供人： 魏海蓉
电　话： 0538-8266350
住　址： 山东省泰安市龙潭路66号

调查人： 尹燕雷、杨雪梅
电　话： 0538-8334070
单　位： 山东省果树研究所

调查地点： 山东省枣庄市山亭区冯卯镇寺沟村

地理数据： GPS 数据（海拔：52m，经度：E117°23'51"，纬度：N36°11'44"）

样本类型： 叶、枝条、果实

生境信息

来源于当地，生于平原地，土壤质地为砂壤土。种植年限为25年，现存10株。

植物学信息

1. 植株情况

落叶乔木，树势强，树姿半开张，树形圆形，树高4.2m，冠幅东西5.2m、南北6.1m，干高45cm，干周50cm。主干灰褐色，树皮块状裂，枝条密度中。

2. 植物学特征

1年生枝褐色，长度中等，节间平均长3.5cm，粗度中等，平均粗2.1cm，多年生枝黄褐色。小枝灰色，被稀疏柔毛。冬芽长卵形，无毛。叶片倒卵状椭圆形，骤尖，宽楔形，边有重锯齿，齿端有锥状腺体，上面绿色，或中脉被疏柔毛，下面淡绿色，无毛或被疏柔毛。叶柄无毛或被疏柔毛，先端常有一对盘状腺体。叶片绿色，长11.5cm，宽6.0cm，叶柄长1.2cm。托叶卵形，绿色，有缺刻状锯齿，齿尖有圆头状腺体。花序近伞房总状，下部苞片大多不孕或仅顶端3枚苞片腋内着花。总苞片褐色，倒卵状长圆形，先端无毛，边有圆头状腺体。苞片近圆形、宽卵形至长卵形，绿色，先端圆钝。花梗无毛。萼筒钟状，长约5mm，外面有稀疏柔毛，萼片三角披针形，先端渐尖，边有头状腺体，与萼筒近等长或稍短。花纯白色，花冠蔷薇形，花瓣薄。

3. 果实性状

核果黄红色，卵球形，果顶较平圆，无明显果尖，纵径约9mm，横径8mm。核表面有棱纹。平均单果重1.2g以上，最大果重1.5g，果柄长1.67cm。果皮红色，成熟度不一致，风味酸甜适中，品质佳。可溶性固形物含量16.8%；可溶性糖含量12.3%；酸含量0.49%；每百克果肉中维生素C含量4.53mg。

4. 生物学习性

生长势、萌芽力和发枝力强，开始结果年龄3年以上，盛果期年龄7~8年，短果枝占77%以上。坐果能力强，生理和采前落果少，丰产。3月上旬萌芽，3月中旬至3月下旬开花，4月下旬成熟采收，11月中旬落叶。

品种评价

早熟，风味甜，品质佳，高产，抗旱，耐瘠薄，适应性强。

果实

植株

生境

结果状

尖嘴黄樱桃

Cerasus pseudocerasus (Lindl.) G. Don
'Jianzuihuangyingtao'

○ 调查编号：YINYLYXM005

所属树种：中国樱桃 *Cerasus pseudocerasus* (Lindl.) G. Don

提供人：魏海蓉
电　话：0538-8266350
住　址：山东省泰安市龙潭路66号

调查人：尹燕雷、杨雪梅
电　话：0538-8334070
单　位：山东省果树研究所

调查地点：山东省枣庄市山亭区冯卯镇寺沟村

地理数据：GPS 数据（海拔：52m，经度：E117°23'55"，纬度：N35°11'34"）

样本类型：叶、枝条、果实

生境信息

来源于当地，生于田间平地，土壤质地为砂壤土。种植年限为8年。

植物学信息

1. 植株情况

落叶乔木，树势中等，树姿开张，树形圆头形，树高4.2m，冠幅东西4.3m、南北5.2m，干高47cm，干周35cm。主干灰褐色，树皮块状裂，枝条密度中等。

2. 植物学特征

小枝灰色，被稀疏柔毛。冬芽长卵形，无毛。叶片倒卵状椭圆形，骤尖，宽楔形，边有重锯齿，齿端有锥状腺体，上面绿色，或中脉被疏柔毛，下面淡绿色，无毛或被疏柔毛。1年生枝褐色，长度中等，节间平均长2cm，粗度中等，平均粗1.6cm，多年生枝黄褐色。叶片绿色，长11.6cm，宽5.8cm，叶柄长1.1cm，无毛或被疏柔毛，先端常有一对盘状腺体。托叶卵形，绿色，有缺刻状锯齿，齿尖有圆头状腺体。花序近伞房总状，下部苞片大多不孕或仅顶端3枚苞片腋内着花。总苞片褐色，倒卵状长圆形。花轴被疏柔毛。苞片近圆形、宽卵形至长卵形，绿色，先端圆钝，边有盘状腺体。花梗无毛。萼筒钟状，长约5mm，外面有稀疏柔毛，萼片三角披针形，先端渐尖，边有头状腺体，与萼筒近等长或稍短。花纯白色，花冠蔷薇形，花瓣薄。

3. 果实性状

果实桃形，有明显果尖，纵径1.5cm，横径1.2cm，侧径1.3cm，平均单果重2.6g以上，最大果重3.2g，果柄长1.8cm。果皮和果肉均为橙红色，成熟度一致，风味甜，品质佳。可溶性固形物含量18.2%；可溶性糖含量13.5%；酸含量0.24%；每百克果肉中维生素C含量4.86mg。

4. 生物学习性

生长势、萌芽力和发枝力强，开始结果年龄3年以上，盛果期年龄7～8年，短果枝占82%以上。生理和采前落果少，丰产，大小年现象不显著。3月上旬萌芽，3月中旬至3月下旬开花，5月上旬成熟采收，11月上旬落叶。

品种评价

果个较大，风味甜，品质佳，高产，抗旱，耐瘠薄，适应性强。

结果状

结果状

叶片

果实性状

寺沟丰产
小樱桃

Cerasus pseudocerasus (Lindl.) G. Don
'Sigoufengchanxiaoyingtao'

调查编号：YINYLYXM006

所属树种：中国樱桃 *Cerasus pseu-docerasus* (Lindl.) G. Don

提供人：魏海蓉
电　话：0538-8266350
住　址：山东省泰安市龙潭路66号

调查人：尹燕雷、杨雪梅
电　话：0538-8334070
单　位：山东省果树研究所

调查地点：山东省枣庄市山亭区冯卯镇寺沟村

地理数据：GPS数据（海拔：52m，经度：E117°23'39"，纬度：N35°11'54"）

样本类型：叶、枝条、果实

生境信息

来源于当地，生于田间平地，土壤质地为砂壤土。种植年限为15年。

植物学信息

1. 植株情况

落叶乔木，树势中等，树姿开张，树形圆头形，树高4m，冠幅东西4.5m、南北4.5m，干高45cm，干周33cm。主干灰褐色，树皮块状裂，枝条密度中等。

2. 植物学特征

小枝灰色，被稀疏柔毛。冬芽长卵形，无毛。叶片倒卵状椭圆形，骤尖，宽楔形，边有重锯齿，齿端有锥状腺体，上面绿色，或中脉被疏柔毛，下面淡绿色，无毛或被疏柔毛。1年生枝褐色，长度中等，节间平均长2.2cm，粗度中等，平均粗1.8cm，多年生枝黄褐色。叶片绿色，长12.2cm，宽6.4cm，叶柄长1.1cm，无毛或被疏柔毛，先端常有一对盘状腺体。托叶卵形，绿色。花序近伞房总状，下部苞片大多不孕或仅顶端3枚苞片腋内着花。总苞片褐色，倒卵状长圆形，先端无毛，边有圆头状腺体。花轴被疏柔毛。苞片近圆形、宽卵形至长卵形，绿色，先端圆钝，边有盘状腺体。花梗无毛。萼筒钟状，长约5mm，外面有稀疏柔毛，萼片三角披针形，先端渐尖，边有头状腺体，与萼筒近等长或稍短。花纯白色略带粉红色，花冠为蔷薇形，花瓣薄。

3. 果实性状

果实长卵圆球形，果顶较平圆，无明显果尖，纵径1.4cm，横径1.1cm，侧径1.3cm，平均单果重2.6g以上，最大果重3.2g，果柄长1.8cm。果皮和果肉均为橙红色，成熟度较一致，风味酸甜适中，品质佳。可溶性固形物含量17.8%；可溶性糖含量12.5%；酸含量0.25%；每百克果肉中维生素C含量4.53mg。

4. 生物学习性

生长势、萌芽力和发枝力强，开始结果年龄3年以上，盛果期年龄7～8年，短果枝占85%以上。坐果能力强，生理和采前落果少，丰产。3月上旬萌芽，3月下旬开花，5月中旬成熟采收，11月上旬落叶。

品种评价

果个较大，风味甜，品质佳，高产，抗旱，耐瘠薄，适应性强。

结果状

花

植株

果实

寺沟大果红樱桃

Cerasus pseudocerasus (Lindl.) G. Don
'Sigoudaguohongyingtao'

◎ 调查编号： YINYLYXM007

所属树种： 中国樱桃 *Cerasus pseudocerasus* (Lindl.) G. Don

📄 提 供 人： 魏海蓉
电　　话： 0538-8266350
住　　址： 山东省泰安市龙潭路66号

调 查 人： 尹燕雷、杨雪梅
电　　话： 0538-8334070
单　　位： 山东省果树研究所

📍 调查地点： 山东省枣庄市山亭区冯卯镇寺沟村

🌐 地理数据： GPS 数据（海拔： 50m，经度： E117°22'51"，纬度： N35°12'03"）

🖼 样本类型： 叶、枝条、果实

🔋 生境信息

来源于当地，生于田间平地，土壤质地为砂壤土。种植年限为12年。

📋 植物学信息

1. 植株情况

落叶乔木，树势中等，树姿开张，树形圆头形，树高3.6m，冠幅东西3.8m、南北4.2m，干高35cm，干周31cm。主干灰褐色，树皮块状裂，枝条密度中等。

2. 植物学特征

小枝灰色，被稀疏柔毛。冬芽长卵形，无毛。叶片倒卵状椭圆形，骤尖，宽楔形，边有重锯齿，齿端有锥状腺体，上面绿色，或中脉被疏柔毛，下面淡绿色，无毛或被疏柔毛。1年生枝褐色，长度中等，节间平均长约2cm，粗度中等，平均粗1.5cm，多年生枝黄褐色。叶片绿色，长12.2cm，宽6.1cm，叶柄长1.2cm，无毛或被疏柔毛，先端常有一对盘状腺体。托叶卵形，绿色，有缺刻状锯齿，齿尖有圆头状腺体。花序近伞房总状，下部苞片大多不孕或仅顶端3枚苞片腋内着花。总苞片褐色，倒卵状长圆形，先端无毛，边有圆头状腺体。花轴被疏柔毛。苞片近圆形、宽卵形至长卵形，绿色，先端圆钝，边有盘状腺体。花梗无毛。萼筒钟状，萼片三角披针形，先端渐尖，边有头状腺体，与萼筒近等长或稍短。花纯白色，花冠为蔷薇形，花瓣薄。

3. 果实性状

果实圆球形，果顶较平圆，无明显果尖，纵径1.7cm，横径1.5cm，侧径1.6cm，平均单果重3.2g以上，最大果重3.5g，果柄长1.7cm。果皮红色，成熟度较一致，风味酸甜适中，品质佳。可溶性固形物含量18.8%；可溶性糖含量13.3%；酸含量0.45%；每百克果肉中维生素C含量4.36mg。

4. 生物学习性

生长势、萌芽力和发枝力强，开始结果年龄3年以上，盛果期年龄5～6年，短果枝占82%以上。坐果能力强，生理和采前落果少，丰产，大小年现象不显著。3月上旬萌芽，4月上旬开花，5月中旬成熟采收，11月上旬落叶。

📖 品种评价

果个较大，风味甜，品质佳，抗旱，耐瘠薄，适应性强。

结果状

叶片

枝条

花蕾

果实

寺沟小红樱桃

Cerasus pseudocerasus (Lindl.) G. Don
'Sigouxiaohongyingtao'

调查编号： YINYLYXM008

所属树种： 中国樱桃 *Cerasus pseudocerasus* (Lindl.) G. Don

提 供 人： 魏海蓉
电 话： 0538-8266350
住 址： 山东省泰安市龙潭路66号

调 查 人： 尹燕雷、杨雪梅
电 话： 0538-8334070
单 位： 山东省果树研究所

调查地点： 山东省枣庄市山亭区冯卯镇寺沟村

地理数据： GPS数据（海拔： 50m，经度： E117°22'57"，纬度： N35°12'13"）

样本类型： 枝条、果实

生境信息

来源于当地，生于田间平地，土壤质地为砂壤土。种植年限为10年。

植物学信息

1. 植株情况

落叶乔木，树势中等，树姿开张，树形圆头形，树高3m，冠幅东西4m、南北3.5m，干高40cm，干周28cm。主干灰褐色，树皮块状裂，枝条密度中等。

2. 植物学特征

1年生枝褐色，长度中等，节间平均长约1.8cm，粗度中等，平均粗1.5cm，多年生枝黄褐色。小枝灰色，被稀疏柔毛。冬芽长卵形，无毛。叶片倒卵状椭圆形，骤尖，宽楔形，边有重锯齿，齿端有锥状腺体，上面绿色，或中脉被疏柔毛，下面淡绿色，无毛或被疏柔毛。叶片绿色，长10.2cm，宽6.2cm，叶柄长1.2cm，无毛或被疏柔毛，先端常有一对盘状腺体。托叶卵形，绿色，有缺刻状锯齿，齿尖有圆头状腺体。花序近伞房总状。总苞片褐色，倒卵状长圆形，先端无毛，边有圆头状腺体。花轴被疏柔毛。苞片近圆形、宽卵形至长卵形，绿色，先端圆钝，边有盘状腺体。花梗无毛。萼筒钟状，长约5mm，外面有稀疏柔毛，萼片三角披针形，先端渐尖，边有头状腺体，与萼筒近等长或稍短。花纯白色，花冠蔷薇形。

3. 果实性状

果实长卵球形，果顶较平圆，无明显果尖，纵径1.2cm，横径1cm，侧径1.03cm，平均单果重1.2g以上，最大果重1.5g，果柄长1.7cm。果皮深红色，成熟度不一致，风味酸甜适中，品质佳。可溶性固形物含量16.8%；可溶性糖含量12.3%；酸含量0.35%；每百克果肉中维生素C含量4.5mg。

4. 生物学习性

生长势、萌芽力和发枝力强，开始结果年龄3年以上，盛果期年龄7~8年，短果枝占75%以上。坐果能力强，生理和采前落果少，丰产，大小年现象不显著。3月上旬萌芽，3月中旬至3月下旬开花，5月上旬成熟采收，11月上旬落叶。

品种评价

早熟，品质佳，易丰产，抗旱，耐瘠薄，适应性强。

结果状

叶片

果实性状

果实

果实

窝搂叶

Cerasus pseudocerasus (Lindl.) G. Don
'Wolouye'

调查编号： YINYLYXM009

所属树种： 中国樱桃 *Cerasus pseudocerasus* (Lindl.) G. Don

提供人： 魏海蓉
电 话： 0538-8266350
住 址： 山东省泰安市龙潭路66号

调查人： 尹燕雷、杨雪梅
电 话： 0538-8334070
单 位： 山东省果树研究所

调查地点： 山东省枣庄市山亭区冯卯镇寺沟村

地理数据： GPS 数据（海拔：50m，经度：E117°23'58"，纬度：N35°11'35"）

样本类型： 叶、枝条、果实

生境信息

来源于当地，生于田间平地，土壤质地为砂壤土。种植年限为15年。

植物学信息

1. 植株情况

落叶乔木，树势中等，树姿开张，树形圆头形，树高4m，冠幅东西4.5m、南北4.5m，干高45cm，干周33cm。主干灰褐色，树皮块状裂，枝条密度中等。

2. 植物学特征

小枝灰色，被稀疏柔毛。冬芽长卵形，无毛。叶片倒卵状椭圆形，骤尖，宽楔形，边有重锯齿，齿端有锥状腺体，上面绿色。1年生枝褐色，长度中等，节间平均长2cm，粗度中等，平均粗1.6cm，多年生枝黄褐色。叶片绿色，长12.6cm，宽5.8cm，叶片中间处叶脉周围略卷曲，叶柄长1.1cm，无毛或被疏柔毛，先端常有一对盘状腺体。托叶卵形，绿色，有缺刻状锯齿，齿尖有圆头状腺体。近伞房总状花序，下部苞片大多不孕或仅顶端3枚，苞片腋内着花。总苞片褐色，倒卵状长圆形，先端无毛，边有圆头状腺体。花轴被疏柔毛。苞片近圆形、宽卵形至长卵形，绿色，先端圆钝，边有盘状腺体。花梗无毛。萼筒钟状，长约5mm，外面有稀疏柔毛，萼片三角披针形，先端渐尖，边有头状腺体，与萼筒近等长或稍短。花纯白色，花冠蔷薇形，花瓣薄。

3. 果实性状

果实长卵圆球形，果顶较平圆，无明显果尖，纵径1.6cm，横径1.5cm，侧径1.4cm，平均单果重2.3g以上，最大果重2.5g，果柄长1.6cm。果皮为鲜红色，果面光洁有光泽，成熟度较一致，风味酸甜适中，品质佳。可溶性固形物含量17.5%；可溶性糖含量13.5%；酸含量0.28%；每百克果肉中维生素C含量4.34mg。

4. 生物学习性

生长势、萌芽力和发枝力强，开始结果年龄3年以上，盛果期年龄5～6年，短果枝占78%以上。坐果能力强，生理和采前落果少，丰产，大小年现象不显著。3月上旬萌芽，3月下旬开花，5月上中旬成熟采收，11月上旬落叶。

品种评价

果个较大，风味甜，品质佳，高产，抗旱，耐瘠薄，适应性强。

枝干

枝条

叶片

果实

果实性状

洋樱桃

Cerasus pseudocerasus (Lindl.) G. Don
'Yangyingtao'

調查編號: YINYLYXM010

所属树种: 中国樱桃 *Cerasus pseudocerasus* (Lindl.) G. Don

提供人: 魏海蓉
电话: 0538-8266350
住址: 山东省泰安市龙潭路66号

调查人: 尹燕雷、杨雪梅
电话: 0538-8334070
单位: 山东省果树研究所

调查地点: 山东省枣庄市山亭区冯卯镇寺沟村

地理数据: GPS 数据（海拔: 50m, 经度: E117°23'45", 纬度: N35°11'28"）

样本类型: 叶、枝条、果实

生境信息

来源于当地，生于田间平地，土壤质地为砂壤土。种植年限为14年。

植物学信息

1. 植株情况

落叶乔木，树势中等，树姿开张，树形圆头形，树高4.4m，冠幅东西4.8m、南北5.2m，干高36cm，干周34cm。主干灰褐色，树皮块状裂，枝条密度中等。

2. 植物学特征

小枝灰色，被稀疏柔毛。冬芽长卵形，无毛。叶片倒卵状椭圆形，骤尖，宽楔形，边有重锯齿，齿端有锥状腺体，上面绿色，或中脉被疏柔毛，下面淡绿色，无毛或被疏柔毛。1年生枝褐色，长度中等，节间平均长2.1cm，粗度中等，平均粗1.55cm，多年生枝黄褐色。叶片绿色，长10.2cm，宽6.8cm，叶片中间处叶脉周围略卷曲，叶柄长1.2cm。托叶卵形，绿色，有缺刻状锯齿，齿尖有圆头状腺体。花序近伞房总状，下部苞片大多不孕或仅顶端3枚苞片腋内着花。总苞片褐色，倒卵状长圆形，先端无毛，边有圆头状腺体。花纯白色，花冠蔷薇形，花轴被疏柔毛。苞片近圆形、宽卵形至长卵形，绿色，先端圆钝，边有盘状腺体。花梗无毛。萼筒钟状，长约5mm，外面有稀疏柔毛，萼片三角披针形，先端渐尖，边有头状腺体，与萼筒近等长或稍短。

3. 果实性状

果实长卵圆球形，果顶较平圆，无明显果尖，纵径1.6cm，横径1.1cm，侧径1.5cm，平均单果重2.0g以上，最大果重2.5g，果柄长2.6cm。果皮鲜红色，果面光洁有光泽，成熟度不一致，风味酸甜适中，品质佳。可溶性固形物含量17%；可溶性糖含量13.5%；酸含量0.58%；每百克果肉中维生素C含量4.65mg。

4. 生物学习性

生长势、萌芽力和发枝力强，开始结果年龄3年以上，盛果期年龄7~8年，短果枝占85%以上。坐果能力强，生理和采前落果少，丰产，大小年现象不显著。3月上旬萌芽，3月中旬至3月下旬开花，5月上旬成熟采收，11月上旬落叶。

品种评价

果个较大，风味甜，品质佳，高产，抗旱，耐瘠薄。

结果状

果实

叶片

果实

6230 浙宇02260122号

Odeli 宁波得力集团有限公司

果实性状

卧龙村小樱桃

Cerasus pseudocerasus (Lindl.) G. Don
'Wolongcunxiaoyingtao'

调查编号：YINYLYXM021

所属树种：中国樱桃 *Cerasus pseu-docerasus* (Lindl.) G. Don

提供人：朱妍妍
电　话：15066380030
住　址：山东省青岛市经济技术开发区

调查人：尹燕雷、杨雪梅
电　话：0538-8334070
单　位：山东省果树研究所

调查地点：山东省青岛市崂山区北宅镇卧龙村

地理数据：GPS 数据（海拔：274m，经度：E120°34'33"，纬度：N36°14'27"）

样本类型：叶、枝条

生境信息

来源于当地，生于旷野中的坡地，该土地为耕地，土壤质地为砂壤土。种植年限为30年。

植物学信息

1. 植株情况

落叶乔木，树势中等，树姿开张，树形半圆形，树高5.3m，冠幅东西8.8m、南北7.7m，干高36cm，干周41.7cm。主干褐色，树皮块状裂，枝条密。

2. 植物学特征

小枝灰色，被稀疏柔毛。冬芽长卵形，无毛。叶片倒卵状椭圆形，骤尖，宽楔形，边有重锯齿，齿端有锥状腺体，上面绿色，或中脉被疏柔毛，下面淡绿色，无毛或被疏柔毛。1年生枝褐色，长度中等，节间平均长2～3.6cm，粗度中等，平均粗1.1cm，多年生枝黄褐色。叶片绿色，长10.7cm，宽5.7cm，叶柄长1.2cm，无毛或被疏柔毛，先端常有一对盘状腺体。托叶卵形，绿色。花序近伞房总状，下部苞片大多不孕或仅顶端3枚苞片腋内着花。总苞片褐色，倒卵状长圆形，先端无毛，边有圆头状腺体。花轴被疏柔毛。苞片近圆形、宽卵形至长卵形，绿色，先端圆钝，边有盘状腺体。花梗无毛。萼筒钟状，长约5mm，外面有稀疏柔毛，萼片三角披针形，先端渐尖，边有头状腺体，与萼筒近等长或稍短。花纯白色，花冠蔷薇形，花瓣大而薄。

3. 果实性状

果实圆球形，纵径0.95cm，横径0.93cm，侧径0.86cm，平均单果重1.5g以上，最大果重2.0g，果柄长1.52cm。果皮深红色，成熟度一致，风味甜，品质佳。可溶性固形物含量17.45%。

4. 生物学习性

生长势、萌芽力和发枝力中等，开始结果年龄3年以上，盛果期年龄5～6年，短果枝占79%以上。坐果能力强，生理和采前落果少，丰产，大小年现象不显著。3月上旬萌芽，3月下旬至4月上旬开花，5月中上旬成熟采收，11月中旬落叶。

品种评价

品质佳，风味甜，高产，耐瘠薄，适应性强。

结果枝

主干

叶片

植株

生境

卧龙村长把
小红樱

Cerasus pseudocerasus (Lindl.) G. Don
'Wolongcunchangbaxiaohongying'

调查编号：YINYLYXM022

所属树种：中国樱桃 *Cerasus pseudocerasus* (Lindl.) G. Don

提 供 人：朱妍妍
电　　话：15066380030
住　　址：山东省青岛市经济技术开
　　　　　发区

调 查 人：尹燕雷、杨雪梅
电　　话：0538-8334070
单　　位：山东省果树研究所

调查地点：山东省青岛市崂山区北宅镇
　　　　　卧龙村

地理数据：GPS 数据（海拔：274m，
　　　　　经度：E120°34'33"，纬度：N36°14'27"）

样本类型：叶、枝条

生境信息

来源于当地，生于旷野中的坡地，该土地为耕地，土壤质地为砂壤土。种植年限为30年。

植物学信息

1. 植株情况

落叶乔木，树势中等，树姿开张，树形半圆形，树高5.7m，冠幅东西7.8m、南北8.5m，干高25cm，干周30.1cm。主干褐色，树皮块状裂，枝条密。

2. 植物学特征

小枝灰色，被稀疏柔毛。冬芽长卵形，无毛。叶片倒卵状椭圆形，骤尖，宽楔形，边有重锯齿，齿端有锥状腺体，上面绿色，或中脉被疏柔毛，下面淡绿色，无毛或被疏柔毛。1年生枝褐色，长度中等，节间平均长2~3.6cm，粗度中等，平均粗1.1cm，多年生枝黄褐色。叶片绿色，长11.2cm，宽5.5cm，叶柄长1.1cm，无毛或被疏柔毛，先端常有一对盘状腺体。托叶卵形，绿色，有缺刻状锯齿，齿尖有圆头状腺体。花序近伞房总状，下部苞片大多不孕或仅顶端3枚苞片腋内着花。总苞片褐色，倒卵状长圆形，先端无毛，边有圆头状腺体。花轴被疏柔毛。苞片近圆形、宽卵形至长卵形，绿色，先端圆钝，边有盘状腺体。花梗无毛。萼筒钟状，长约5mm，外面有稀疏柔毛，萼片三角披针形，先端渐尖，边有头状腺体，与萼筒近等长或稍短。花白色，花蕾略带粉红色，花冠蔷薇形。

3. 果实性状

果实圆球形，纵径0.92cm，横径0.94cm，侧径0.89cm，平均单果重1.5g以上，最大果重2.49g，果柄长1.78cm。果皮和果肉均为红色，成熟度一致，风味甜，品质佳。可溶性固形物含量17.39%。

4. 生物学习性

生长势、萌芽力和发枝力中等，开始结果年龄3年以上，盛果期年龄7~8年，短果枝占82%以上。坐果能力强，生理和采前落果少，丰产。3月上旬萌芽，4月上旬开花，5月中旬成熟采收，11月中旬落叶。

品种评价

该品种易丰产，品质佳，抗旱，耐瘠薄，适应性强。

植株

枝条

叶片

花

果实

海阳小樱桃

Cerasus pseudocerasus (Lindl.) G. Don
'Haiyangxiaoyingtao'

調查编号：YINYLTHX001

所属树种：中国樱桃 *Cerasus pseu-docerasus* (Lindl.) G. Don

提 供 人：田长平
电　　话：0535-6361775
住　　址：山东省烟台市福山区港城西大街26号

調 查 人：冯立娟、唐海霞
电　　话：0538-8334070
单　　位：山东省果树研究所

調查地点：山东省海阳市朱吴镇纪家庄村

地理数据：GPS 数据（海拔：190m，经度：E121°05'30"，纬度：N36°53'05"）

样本类型：叶、枝条

生境信息

来源于当地，生于旷野中的坡地，该土地为山地，土壤质地为壤土。种植年限为23年。

植物学信息

1. 植株情况

落叶乔木，树势中等，树姿开张，树形半圆形，树高7.2m，冠幅东西11.2m、南北10.7m，干高42cm，干周52.6cm。主干褐色，树皮块状裂，枝条密。

2. 植物学特征

小枝灰色，被稀疏柔毛。冬芽长卵形，无毛。叶片倒卵状椭圆形，骤尖，宽楔形，边有重锯齿，齿端有锥状腺体，上面绿色，或中脉被疏柔毛，下面淡绿色，无毛或被疏柔毛。1年生枝褐色，长度中等，节间平均长2~3.6cm，粗度中等，平均粗1.1cm，多年生枝黄褐色。叶片绿色，长11.3cm，宽6.1cm，叶柄长1.2cm，无毛或被疏柔毛，先端常有一对盘状腺体。托叶卵形，绿色，有缺刻状锯齿，齿尖有圆头状腺体。花序近伞房总状。总苞片褐色，倒卵状长圆形，先端无毛，边有圆头状腺体。花轴被疏柔毛。苞片近圆形、宽卵形至长卵形，绿色，先端圆钝，边有盘状腺体。花纯白色，花冠为蔷薇形。花梗无毛，萼筒钟状，长约5mm，外面有稀疏柔毛，萼片三角披针形，先端渐尖，边有头状腺体，与萼筒近等长或稍短。

3. 果实性状

果实圆球形，纵径1.23cm，横径1.07cm，侧径0.95cm，平均单果重1.6g以上，最大果重2.52g，果柄长1.88cm。果皮和果肉均为红色，成熟度一致，风味甜，品质佳。可溶性固形物含量17.5%。

4. 生物学习性

生长势、萌芽力和发枝力中等，开始结果年龄3年以上，盛果期年龄6~7年，短果枝占76%以上。生理和采前落果少，丰产，大小年现象不显著。3月中旬萌芽，4月上旬开花，5月下旬成熟采收，11月中旬落叶。

品种评价

风味甜，品质佳，高产，抗旱，耐瘠薄，适应性强。

生境

叶片

植株

枝干

海阳黄樱桃

Cerasus pseudocerasus (Lindl.) G. Don
'Haiyanghuangyingtao'

🔘 调查编号： YINYLTHX002

📇 所属树种： 中国樱桃 *Cerasus pseudocerasus* (Lindl.) G. Don

📄 提 供 人： 田长平
电　　话： 0535-6361775
住　　址： 山东省烟台市福山区港城西大街26号

📋 调 查 人： 尹燕雷、唐海霞
电　　话： 0538-8334070
单　　位： 山东省果树研究所

📍 调查地点： 山东省海阳市朱吴镇丁家乔村

🌐 地理数据： GPS 数据（海拔：175m，经度：E121°06'19"，纬度：N36°53'07"）

🖼 样本类型： 叶、枝条

🗂 生境信息

来源于当地，生于旷野中的坡地，该土地为山地，土壤质地为壤土。种植年限为14年。

📋 植物学信息

1. 植株情况

落叶乔木，树势中等，树姿开张，树形半圆形，树高7.9m，冠幅东西8.9m、南北8.4m，干高45cm，干周34.7cm。主干褐色，树皮块状裂，枝条密。

2. 植物学特征

1年生枝褐色，长度中等，节间平均长2～3.6cm，粗度中等，平均粗1.1cm，多年生枝黄褐色。小枝灰白色，被稀疏柔毛。冬芽长卵形，无毛。叶片倒卵状椭圆形，骤尖，宽楔形，边有重锯齿，齿端有锥状腺体，上面绿色，或中脉被疏柔毛，下面淡绿色，无毛或被疏柔毛。叶片绿色，长10.5cm，宽5.4cm，叶柄长1.2cm。花纯白色，花冠蔷薇形，花瓣大而厚。叶柄无毛或被疏柔毛，先端常有一对盘状腺体。托叶卵形，绿色，有缺刻状锯齿，齿尖有圆头状腺体。花序近伞房总状，下部苞片大多不孕或仅顶端3枚，苞片腋内着花。总苞片褐色，倒卵状长圆形，先端无毛，边有圆头状腺体。花轴被疏柔毛。苞片近圆形、宽卵形至长卵形，绿色，先端圆钝，边有盘状腺体。花梗无毛。萼筒钟状，长约5mm，外面有稀疏柔毛，萼片三角披针形，先端渐尖，边有头状腺体，与萼筒近等长或稍短。

3. 果实性状

果实心形，有明显果尖，纵径1.02cm，横径0.98cm，侧径10.99cm，平均单果重1.5g以上，最大果重2.46g，果柄长1.76cm。果皮和果肉均为红色，成熟度一致，风味甜，品质佳。可溶性固形物含量16.9%。

4. 生物学习性

生长势、萌芽力和发枝力中等，开始结果年龄3年以上，盛果期年龄7～8年，短果枝占88%以上。坐果能力强，丰产，大小年现象不显著。3月中旬萌芽，4月上旬开花，5月下旬成熟采收，11月中旬落叶。

📖 品种评价

较晚熟，易丰产稳产，品质佳，抗旱，耐瘠薄，适应性强。

生境

果实

枝叶

榖

海阳红樱桃

Cerasus pseudocerasus (Lindl.) G. Don
'Haiyanghongyingtao'

🔘 调查编号：　YINYLTHX004

📇 所属树种：　中国樱桃 *Cerasus pseu-docerasus* (Lindl.) G. Don

📄 提 供 人：　田长平
　　　　 电　话：　0535-6361775
　　　　 住　址：　山东省烟台市福山区港城
　　　　　　　　　西大街26号

📋 调 查 人：　尹燕雷、唐海霞
　　　　 电　话：　0538-8334070
　　　　 单　位：　山东省果树研究所

📍 调查地点：　山东省海阳市朱吴镇丁家
　　　　　　　乔村

🌐 地理数据：　GPS 数据（海拔：111m，
　　　　　　　经度：E120°37'16"，纬度：N36°48'40"）

🖼 样本类型：　叶、枝条

🔖 生境信息

来源于当地，生于旷野中的坡地，该土地为山地，土壤质地为壤土。种植年限为32年。

📋 植物学信息

1. 植株情况

落叶乔木，树势中等，树姿开张，树形半圆形，树高7.9m，冠幅东西10.8m、南北10.3m，干高43cm，干周46.8cm。主干褐色，树皮块状裂，枝条密。

2. 植物学特征

1年生枝褐色，长度中等，节间平均长2~3.6cm，粗度中等，平均粗1.1cm，多年生枝黄褐色。小枝灰白色，被稀疏柔毛。冬芽长卵形，无毛。叶片倒卵状椭圆形，骤尖，宽楔形，边有重锯齿，齿端有锥状腺体，上面绿色，或中脉被疏柔毛，下面淡绿色，无毛或被疏柔毛。叶片绿色，长10.7cm，宽5.7cm，叶柄1.2cm。叶柄无毛或被疏柔毛，先端常有一对盘状腺体。托叶卵形，绿色，有缺刻状锯齿，齿尖有圆头状腺体。花序近伞房总状，下部苞片大多不孕或仅顶端3枚苞片腋内着花。总苞片褐色，倒卵状长圆形，先端无毛，边有圆头状腺体。花轴被疏柔毛。苞片近圆形、宽卵形至长卵形，绿色，先端圆钝，边有盘状腺体。花梗无毛。萼筒钟状，萼片三角披针形，先端渐尖，边有头状腺体，与萼筒近等长或稍短。花纯白色，花冠蔷薇形，花瓣较薄。

3. 果实性状

果实圆球形，纵径0.92cm，横径0.89cm，侧径0.89cm，平均单果重1.5g以上，最大果重2.57g，果柄长1.74cm。果皮和果肉均为红色，成熟度一致，风味甜，品质佳。可溶性固形物含量17.2%。

4. 生物学习性

生长势、萌芽力和发枝力中等，开始结果年龄3年以上，盛果期年龄7~8年，短果枝占76%以上。坐果能力强，生理和采前落果少，丰产，大小年现象不显著。3月中旬萌芽，4月上旬开花，5月下旬成熟采收，11月中旬落叶。

📄 品种评价

品质佳，风味酸甜适中，丰产，抗旱，耐瘠薄，适应性强。

果实

枝叶

主干

生境

莱阳矮樱

Cerasus pseudocerasus (Lindl.) G. Don
'Laiyangaiying'

调查编号： YINYLTHX005

所属树种： 中国樱桃 *Cerasus pseudocerasus* (Lindl.) G. Don

提 供 人： 田长平
电　　话： 0535-6361775
住　　址： 山东省烟台市福山区港城西大街26号

调 查 人： 尹燕雷、唐海霞
电　　话： 0538-8334070
单　　位： 山东省果树研究所

调查地点： 山东省莱阳市姜疃镇岚子村

地理数据： GPS 数据（海拔：25m，经度：E120°42′03″，纬度：N36°50′18″）

样本类型： 叶、枝条

生境信息

来源于当地，生于旷野中的坡地，该土地为山地，土壤质地为壤土。种植年限为25年。

植物学信息

1. 植株情况

落叶乔木，树势中等，树姿开张，树形半圆形，树高4.5m，冠幅东西5.21m、南北4.4m，干高26cm，干周55.1cm。主干褐色，树皮块状裂，枝条密。

2. 植物学特征

1年生枝褐色，长度中等，节间平均长2~3.6cm，粗度中等，平均粗1.1cm，多年生枝黄褐色。小枝灰白色，较光滑。冬芽长卵形，无毛。叶片倒卵状长椭圆形，骤尖，宽楔形，边有重锯齿，齿端有锥状腺体，上面绿色。叶片绿色，长10.7cm，宽5.7cm，叶柄长1.2cm，无毛或被疏柔毛，先端常有一对盘状腺体。托叶卵形，绿色，有缺刻状锯齿，齿尖有圆头状腺体。伞房总状花序，下部苞片大多不孕或仅顶端3枚苞片腋内着花。总苞片褐色，倒卵状长圆形，先端无毛，边有圆头状腺体。花轴被疏柔毛。苞片近圆形、宽卵形至长卵形，绿色，先端圆钝，边有盘状腺体。花梗无毛。萼筒钟状，长约5mm，外面有稀疏柔毛，萼片三角披针形，先端渐尖，边有头状腺体，与萼筒近等长或稍短。花纯白色，花冠蔷薇形，花瓣薄。

3. 果实性状

果实圆球形，纵径0.95cm，横径0.95cm，侧径0.94cm，平均单果重1.6g以上，最大果重2.72g，果柄长1.78cm。果皮和果肉均为红色，成熟度一致，风味甜，品质佳。可溶性固形物含量17.5%。

4. 生物学习性

生长势中、萌芽力和发枝力强，开始结果年龄3年以上，盛果期年龄5~6年，短果枝占89%以上。坐果能力强，采前落果少，丰产，大小年现象不显著。3月中旬萌芽，4月上旬开花，5月下旬成熟采收，11月中旬落叶。

品种评价

风味甜，品质佳，高产，抗旱，耐瘠薄，适应性强。

生境

枝叶

栖霞庙后红樱桃

Cerasus pseudocerasus (Lindl.) G. Don
'Qixiamiaohouhongyingtao'

调查编号： YINYLTHX006

所属树种： 中国樱桃 *Cerasus pseudocerasus* (Lindl.) G. Don

提 供 人： 田长平
电　　话： 0535-6361775
住　　址： 山东省烟台市福山区港城西大街26号

调 查 人： 尹燕雷、唐海霞
电　　话： 0538-8334070
单　　位： 山东省果树研究所

调查地点： 山东省栖霞市庙后镇山西夼村

地理数据： GPS 数据（海拔：82m，经度：E121°03'22"，纬度：N37°21'12"）

样本类型： 叶、枝条

生境信息

来源于当地，生于旷野中的坡地，该土地为山地，土壤质地为壤土。种植年限为45年。

植物学信息

1. 植株情况

落叶乔木，树势中等，树姿开张，树形半圆形，树高7.5m，冠幅东西12.1m、南北11.5m，干高34cm，干周61.7cm。主干褐色，树皮块状裂，枝条密。

2. 植物学特征

1年生枝褐色，长度中等，节间平均长2～3.6cm，粗度中等，平均粗1.1cm，多年生枝黄褐色。小枝灰色，被稀疏柔毛。冬芽长卵形，无毛。叶片倒卵状椭圆形，骤尖，宽楔形，边有重锯齿，齿端有锥状腺体，上面绿色，或中脉被疏柔毛，下面淡绿色，无毛或被疏柔毛。叶片绿色，长11.5cm，宽6.1cm，叶柄长1.2cm，无毛或被疏柔毛，先端常有一对盘状腺体。托叶卵形，绿色，有缺刻状锯齿，齿尖有圆头状腺体。花序近伞房总状，下部苞片大多不孕或仅顶端3枚苞片腋内着花。总苞片褐色，倒卵状长圆形，先端无毛，边有圆头状腺体。花纯白色，花冠蔷薇形。花轴被疏柔毛。苞片近圆形、宽卵形至长卵形，绿色，先端圆钝，边有盘状腺体。花梗无毛。萼筒钟状，萼片三角披针形，先端渐尖，边有头状腺体，与萼筒近等长或稍短。

3. 果实性状

果实圆球形，纵径0.97cm，横径0.95cm，侧径0.94cm，平均单果重1.6g以上，最大果重1.83g，果柄长1.85cm。果皮和果肉均为红色，成熟度一致，风味甜，品质佳。可溶性固形物含量17.3%。

4. 生物学习性

生长势、萌芽力和发枝力中等，开始结果年龄3年以上，盛果期年龄7～8年，短果枝占86%以上。坐果能力强，生理和采前落果少，丰产，大小年现象不显著。3月中旬萌芽，4月上旬开花，5月下旬成熟采收，11月中旬落叶。

品种评价

品质佳，风味甜，产量中等，抗旱，耐瘠薄，适应性强。

生境

主干

植株

叶片

福山黄樱桃

Cerasus pseudocerasus (Lindl.) G. Don
'Fushanhuangyingtao'

调查编号：YINYLTHX007

所属树种：中国樱桃 *Cerasus pseu-docerasus* (Lindl.) G. Don

提供人：田长平
电　话：0535-6361775
住　址：山东省烟台市福山区港城西大街26号

调查人：尹燕雷、唐海霞
电　话：0538-8334070
单　位：山东省果树研究所

调查地点：山东省烟台市福山区张格庄镇杜家崖村

地理数据：GPS数据（海拔：72m，经度：E121°14'40"，纬度：N37°21'20"）

样本类型：叶、枝条

生境信息

来源于当地，生于旷野中的坡地，该土地为山地，土壤质地为壤土。种植年限为45年。

植物学信息

1. 植株情况

落叶乔木，树势中等，树姿开张，树形半圆形，树高7.8m，冠幅东西9.8m、南北8.7m，干高36cm，干周46.7cm。主干褐色，树皮块状裂，枝条密。

2. 植物学特征

1年生枝褐色，长度中等，节间平均长2～3.6cm，粗度中等，平均粗1.1cm，多年生枝黄褐色。小枝灰色，被稀疏柔毛。冬芽长卵形，无毛。叶片倒卵状椭圆形，骤尖，宽楔形，边有重锯齿，齿端有锥状腺体，上面绿色，或中脉被疏柔毛，下面淡绿色，无毛或被疏柔毛。叶片绿色，长11.7cm，宽5.75cm，叶柄长1.2cm，无毛或被疏柔毛，先端常有一对盘状腺体。托叶卵形，绿色，有缺刻状锯齿，齿尖有圆头状腺体。花序近伞房总状，下部苞片大多不孕或仅顶端3枚苞片腋内着花。总苞片褐色，倒卵状长圆形，先端无毛，边有圆头状腺体。花轴被疏柔毛。苞片近圆形、宽卵形至长卵形，绿色，先端圆钝，边有盘状腺体。花梗无毛。萼筒钟状，长约5mm，外面有稀疏柔毛，萼片三角披针形，先端渐尖，边有头状腺体，与萼筒近等长或稍短。花纯白色，花冠为蔷薇形，花瓣薄。

3. 果实性状

果实圆球形，纵径0.97cm，横径0.93cm，侧径0.94cm，平均单果重1.6g以上，最大果重2.72g，果柄长1.63cm。果皮和果肉均为红色，成熟度一致，风味甜，品质佳。离核。可溶性固形物含量18.2%。

4. 生物学习性

生长势、萌芽力和发枝力中等，开始结果年龄3年以上，盛果期年龄5～7年，短果枝占85%左右。坐果能力强，生理和采前落果少，丰产，大小年现象不显著。3月中旬萌芽，4月上旬开花，5月下旬成熟采收，11月中旬落叶。

品种评价

风味甜，品质佳，易丰产，抗旱，耐瘠薄，适应性强。

生境

植株

梢干

文登红樱桃

Cerasus pseudocerasus (Lindl.) G. Don
'Wendenghongyingtao'

调查编号： YINYLTHX008

所属树种： 中国樱桃 *Cerasus pseu-docerasus* (Lindl.) G. Don

提供人： 田长平
电　话： 0535-6361775
住　址： 山东省烟台市福山区港城西大街26号

调查人： 尹燕雷、唐海霞
电　话： 0538-8334070
单　位： 山东省果树研究所

调查地点： 山东省文登市葛家镇大背后村昆嵛山景区内

地理数据： GPS 数据（海拔：29m，经度：E121°49'39"，纬度：N37°11'53"）

样本类型： 叶、枝条

生境信息

来源于当地，生于旷野中的坡地，该土地为山地，土壤质地为壤土。种植年限为42年。

植物学信息

1. 植株情况

落叶乔木，树势中等，树姿开张，树形半圆形，树高7.9m，冠幅东西11.4m、南北12.1m，干高40cm，干周55.2cm。主干褐色，树皮块状裂，枝条密。

2. 植物学特征

1年生枝褐色，长度中等，节间平均长2～3.6cm，粗度中等，平均粗1.2cm，多年生枝黄褐色。小枝灰色，被稀疏柔毛。冬芽长卵形，无毛。叶片倒卵状椭圆形，骤尖，宽楔形，边有重锯齿，齿端有锥状腺体，上面绿色，或中脉被疏柔毛，下面淡绿色。叶片绿色，长12.0cm，宽6.6cm，叶柄长1.1cm，无毛或被疏柔毛，先端常有一对盘状腺体。托叶卵形，绿色，有缺刻状锯齿，齿尖有圆头状腺体。花序近伞房总状，下部苞片大多不孕或仅顶端3枚苞片腋内着花。总苞片褐色，倒卵状长圆形，先端无毛，边有圆头状腺体。花轴被疏柔毛。苞片近圆形、宽卵形至长卵形，绿色，先端圆钝，边有盘状腺体。花梗无毛。萼筒钟状，长约5mm，外面有稀疏柔毛，萼片三角披针形，先端渐尖，边有头状腺体，与萼筒近等长或稍短花纯白色，花冠为蔷薇形，花瓣较薄。

3. 果实性状

果实圆球形，纵径0.95cm，横径0.83cm，侧径0.94cm，平均单果重1.6g以上，最大果重2.75g，果柄长1.85cm。果皮和果肉均为红色，成熟度较不一致，风味甜，品质上。可溶性固形物含量17.3%。

4. 生物学习性

生长势、萌芽力和发枝力中等，开始结果年龄3年以上，盛果期年龄7～8年，短果枝占83%左右。坐果能力强，生理和采前落果少，丰产，大小年现象不显著。3月中旬萌芽，4月上旬开花，5月下旬成熟采收，11月中旬落叶。

品种评价

风味甜，品质上等，高产，耐瘠薄，适应性强。

生境

枝叶

白毛樱桃

Cerasus tomentosa Thunb. 'Baimaoyingtao'

调查编号：　YINYLTHX011

所属树种：　毛樱桃 *Cerasus tomentosa* Thunb.

提 供 人：　田长平
电　　话：　0535-6361775
住　　址：　山东省烟台市福山区港城西大街26号

调 查 人：　尹燕雷、唐海霞
电　　话：　0538-8334070
单　　位：　山东省果树研究所

调查地点：　山东省福山区烟台农业科学院院内资源保存圃

地理数据：　GPS 数据（海拔：8m，经度：E121°16'26"，纬度：N37°28'48"）

样本类型：　叶、枝条

生境信息

来源于当地，生于旷野中的坡地，该土地为山地，土壤质地为壤土。种植年限为7年。

植物学信息

1. 植株情况

落叶灌木或小乔木，树势强，树姿开张，树形半圆形，树高2.5m，冠幅东西4.8m、南北4.5m，干高16cm，干周24.8cm，多主枝丛生。主干褐色，树皮块状裂，枝条密。

2. 植物学特征

1年生枝褐色或灰绿色，较长，节间平均长3.2cm，粗度中等，平均粗0.9cm，多年生枝灰褐色。小枝灰绿色，光滑无柔毛。冬芽长卵形，无毛。叶片绿色，椭圆形，长5.7cm，宽3.2cm，叶柄长0.8cm。叶尖骤尖，宽楔形，边有锯齿，齿端有锥状腺体，上面绿色，下面淡绿色，无毛或被疏柔毛。叶柄无毛或被疏柔毛，先端常有一对盘状腺体。托叶卵形，绿色，有缺刻状锯齿，齿尖有圆头状腺体。花序近伞房总状，下部苞片大多不孕或仅顶端3枚苞片腋内着花。总苞片褐色，倒卵状长圆形，先端无毛，边有圆头状腺体。花轴被疏柔毛。苞片近圆形、宽卵形至长卵形，绿色，先端圆钝，边有盘状腺体。花梗无毛。萼筒钟状，长约5mm，外面有稀疏柔毛，萼片三角披针形，先端渐尖，边有头状腺体，与萼筒近等长或稍短。花纯白色，花冠蔷薇形，花瓣薄。

3. 果实性状

果实心脏形、肾形或圆形，纵径0.89cm，横径0.85cm，侧径0.84cm，平均单果重1.4g以上，最大果重2.71g，果柄长0.4cm。果皮色泽鲜艳、晶莹、美丽，味酸甜，品质中等。可溶性固形物含量16.8%。

4. 生物学习性

生长势、萌芽力和发枝力中等，开始结果年龄3年以上，盛果期年龄7~8年，短果枝占81%以上。坐果能力强，生理和采前落果少，丰产，大小年现象不显著。3月上旬萌芽，3月下旬至4月上旬开花，5月上旬成熟采收，11月中旬落叶。

品种评价

风味微酸甜，高产，抗旱，耐瘠薄，适应性强，可用于园林绿化。

果实

生境

植株

叶片

斜庄本土樱桃 1号

Cerasus pseudocerasus (Lindl.) G. Don
'Xiezhuangbentuyingtao 1'

调查编号： YINYLYXM001

所属树种： 中国樱桃 *Cerasus pseudocerasus* (Lindl.) G. Don

提 供 人： 陈鋆河
电　　话： 13583200656
住　　址： 山东省胶州市九龙镇斜庄村

调 查 人： 杨雪梅、冯立娟
电　　话： 0538-8334070
单　　位： 山东省果树研究所

调查地点： 山东省胶州市九龙镇斜庄村

地理数据： GPS 数据（海拔：12m，经度：E119°59'09"，纬度：N36°13'37"）

样本类型： 叶、枝条

生境信息

来源于当地，生于旷野中的坡地，该土地为丘陵地，土壤质地为砂壤土。种植年限为32年。

植物学信息

1. 植株情况

落叶乔木，树势中等，树姿开张，树形半圆形，树高2.7m，冠幅东西6.4m、南北4.8m，干高40.5cm，干周58.2cm。主干褐色，树皮块状裂，枝条密。

2. 植物学特征

1年生枝褐色，长度中等，节间平均长2~3.6cm，粗度中等，平均粗0.98cm，多年生枝黄褐色。小枝灰色，被稀疏柔毛。叶片绿色，长6.8cm，宽4.5cm，叶柄长1.2cm。叶片倒卵状椭圆形，骤尖，宽楔形，边有重锯齿，齿端有锥状腺体，上面绿色，或中脉被疏柔毛，下面淡绿色，无毛或被疏柔毛。叶柄无毛或被疏柔毛，先端常有一对盘状腺体。托叶卵形，绿色，有缺刻状锯齿，齿尖有圆头状腺体。花序近伞房总状，下部苞片大多不孕或仅顶端3枚苞片腋内着花。总苞片褐色，倒卵状长圆形，先端无毛，边有圆头状腺体。花轴被疏柔毛。苞片近圆形、宽卵形至长卵形，绿色，先端圆钝，边有盘状腺体。花梗无毛。萼筒钟状，长约5mm，外面有稀疏柔毛，萼片三角披针形，先端渐尖，边有头状腺体，与萼筒近等长或稍短。花纯白色，花冠蔷薇形。

3. 果实性状

果实圆球形，纵径1.25cm，横径1.04cm，侧径0.94cm，平均单果重1.5g以上，最大果重2.5g，果柄长1.76cm。果皮和果肉均为红色，成熟度一致，风味甜，品质佳。可溶性固形物含量16.8%。

4. 生物学习性

生长势、萌芽力和发枝力中等，开始结果年龄3年以上，盛果期年龄7~8年，短果枝占78%以上。坐果能力强，生理和采前落果少，丰产，大小年现象不显著。3月中旬萌芽，4月上旬开花，5月中旬成熟采收，11月中旬落叶。

品种评价

风味甜，品质佳，高产，抗旱，耐瘠薄，适应性强。

植株

叶片

果实

斜庄本土樱桃2号

Cerasus pseudocerasus (Lindl.) G. Don
'Xiezhuangbentuyingtao 2'

调查编号： YINYLYXM002

所属树种： 中国樱桃 *Cerasus pseudocerasus* (Lindl.) G. Don

提 供 人： 陈鋆河
电　　话： 13583200656
住　　址： 山东省胶州市九龙镇斜庄村

调 查 人： 尹燕雷、杨雪梅
电　　话： 0538-8334070
单　　位： 山东省果树研究所

调查地点： 山东省胶州市九龙镇斜庄村

地理数据： GPS 数据（海拔：12m，经度：E119°59′09″，纬度：N36°13′36″）

样本类型： 叶、枝条

生境信息

来源于当地，生于旷野中的坡地，该土地为丘陵地，土壤质地为砂壤土。种植年限为14年。

植物学信息

1. 植株情况

落叶乔木，树势中等，树姿开张，树形半圆形，树高4.3m，冠幅东西3.2m、南北3.9m，干高33cm，干周25.8cm。主干褐色，树皮块状裂，枝条密。

2. 植物学特征

1年生枝褐色，长度中等，节间平均长2~3.6cm，粗度中等，平均粗0.68cm，多年生枝黄褐色。叶片绿色，长7.6cm，宽4.5cm，叶柄长1.1cm。叶片倒卵状椭圆形，骤尖，宽楔形，边有重锯齿，齿端有锥状腺体，上面绿色，或中脉被疏柔毛，下面淡绿色，无毛或被疏柔毛。叶柄无毛或被疏柔毛，先端常有一对盘状腺体。托叶卵形，绿色，有缺刻状锯齿，齿尖有圆头状腺体。花序近伞房总状，下部苞片大多不孕或仅顶端3枚苞片腋内着花。总苞片褐色，倒卵状长圆形，先端无毛，边有圆头状腺体。花轴被疏柔毛。苞片近圆形、宽卵形至长卵形，绿色，先端圆钝，边有盘状腺体。花梗无毛。萼筒钟状，长约5mm，外面有稀疏柔毛，萼片三角披针形，先端渐尖，边有头状腺体，与萼筒近等长或稍短。花纯白色，花冠蔷薇形。

3. 果实性状

果实圆球形，纵径1.18cm，横径1.2cm，侧径1.1cm，平均单果重1.5g以上，最大果重2.2g，果柄长1.77cm。果皮和果肉均为红色，成熟度较一致，风味甜，品质佳。可溶性固形物含量17.3%。

4. 生物学习性

生长势、萌芽力和发枝力中等，开始结果年龄3年以上，盛果期年龄7~8年，短果枝占82%左右。坐果能力强，生理和采前落果少，丰产，大小年现象不显著。3月中旬萌芽，4月上旬开花，5月中旬成熟采收，11月中旬落叶。

品种评价

风味甜，品质佳，易丰产，抗旱，耐瘠薄，适应性强。

结果状

植株

生境

果实

大鹰嘴

Cerasus pseudocerasus (Lindl.) G. Don
'Dayingzui'

调查编号： YINYLSQB061

所属树种： 中国樱桃 *Cerasus pseudocerasus* (Lindl.) G. Don

提供人： 李良才
电　话： 15856878755
住　址： 安徽省太和县城关镇李营村

调查人： 孙其宝
电　话： 13956066968
单　位： 安徽省农业科学院园艺研究所

调查地点： 安徽省太和县城关镇李营村

地理数据： GPS 数据（海拔：51m，经度：E 115°35'35"，纬度：N30°09'40"）

样本类型： 叶、枝条、果实

生境信息

来源于当地，生于田间耕地，土壤质地为砂壤土。砍伐和修路影响该品种存活，种植年限为8年。

植物学信息

1. 植株情况

落叶乔木，树势中等，树姿开张，树形圆头形，树高6m，冠幅东西5m、南北4.5m，干高35cm，干周30cm。主干灰褐色，树皮光滑不裂，枝条密度中等。

2. 植物学特征

1年生枝红色，长度中等，节间平均长2.1cm，粗度中等，平均粗1.6cm，多年生枝黄褐色。皮目椭圆形，中等大小，少。叶片绿色，长10.6cm，宽4.8cm，叶柄长1.1cm。叶片倒卵状椭圆形，骤尖，宽楔形，边有重锯齿，齿端有锥状腺体，上面绿色，或中脉被疏柔毛，下面淡绿色，无毛或被疏柔毛。托叶卵形，绿色，有缺刻状锯齿，齿尖有圆头状腺体。花序近伞房总状，下部苞片大多不孕或仅顶端3枚苞片腋内着花。总苞片褐色，倒卵状长圆形，先端无毛，边有圆头状腺体。花轴被疏柔毛。苞片近圆形、宽卵形至长卵形，绿色，先端圆钝，边有盘状腺体。花梗无毛。萼筒钟状，长约5mm，外面有稀疏柔毛，萼片三角披针形，先端渐尖，边有头状腺体，与萼筒近等长或稍短。花纯白色，花冠直径约1.9cm，花冠蔷薇形，花瓣褶皱少。

3. 果实性状

果实心形，有明显果尖，纵径1.75cm，横径1.5cm，侧径1.6cm，平均单果重1.9g以上，最大果重2.3g，果柄长1.7cm。果皮和果肉均为橙黄色，成熟度较一致，风味甜，品质佳。可溶性固形物含量22.2%；可溶性糖含量13.5%；酸含量0.34%；每百克果肉中维生素C含量4.56mg。

4. 生物学习性

生长势、萌芽力和发枝力强，开始结果年龄3年以上，盛果期年龄5～6年，短果枝占85%左右。坐果能力强，生理和采前落果少，丰产，大小年现象不显著。3月上旬萌芽，3月中旬开花，4月下旬成熟采收，11月上旬落叶。

品种评价

风味酸甜适中，品质佳，高产，抗旱，耐瘠薄，适应性强。

生境

叶片

植株

果实

小米子

Cerasus pseudocerasus (Lindl.) G. Don
'Xiaomizi'

🔘 调查编号：YINYLSQB062

🔖 所属树种：中国樱桃 *Cerasus pseu-docerasus* (Lindl.) G. Don

📄 提供人：李良才
　　电　话：15856878755
　　住　址：安徽省太和县城关镇李营村

📋 调查人：孙其宝
　　电　话：13956066968
　　单　位：安徽省农业科学院园艺研究所

📍 调查地点：安徽省太和县城关镇李营村

🌐 地理数据：GPS 数据（海拔：42m，经度：E 115°35'26"，纬度：30°09'37"）

🖼 样本类型：叶、枝条

📋 **生境信息**

来源于当地，生于田间平地，土壤质地为砂壤土。种植年限为4年。

📑 **植物学信息**

1. 植株情况

落叶乔木，树势中等，树姿开张，树形圆头形，树高3m，冠幅东西2.5m、南北2m，干高25cm，干周15cm。主干灰褐色，树皮块状裂，枝条密度中等。

2. 植物学特征

1年生枝红褐色，长度中等，节间平均长2.1cm，粗度中等，平均粗1.6cm，多年生枝黄褐色。小枝灰色，被稀疏柔毛。冬芽长卵形，无毛。叶片倒卵状椭圆形，骤尖，宽楔形，边有重锯齿，齿端有锥状腺体，上面绿色，或中脉被疏柔毛，下面淡绿色，无毛或被疏柔毛。叶片长9.6cm，宽4.5cm，叶柄长1.1cm，无毛或被疏柔毛，先端常有一对盘状腺体。托叶卵形，绿色，有缺刻状锯齿，齿尖有圆头状腺体。花序近伞房总状。总苞片褐色，倒卵状长圆形，先端无毛，边有圆头状腺体。花轴被疏柔毛。苞片近圆形、宽卵形至长卵形，绿色，先端圆钝，边有盘状腺体。花梗无毛。萼筒钟状，萼片三角披针形，先端渐尖，边有头状腺体，与萼筒近等长或稍短。花纯白色，花冠为蔷薇形。

3. 果实性状

果实圆球形，纵径0.9cm，横径0.7cm，侧径0.8cm，平均单果重0.6g以上，最大果重0.8g，果柄长1.8cm。果皮和果肉均为橙红色，成熟度一致，风味甜，品质佳。可溶性固形物含量14.5%；可溶性糖含量11.2%；酸含量0.6%；每百克果肉中维生素C含量3.65mg。

4. 生物学习性

生长势、萌芽力和发枝力强，开始结果年龄3年以上，盛果期年龄7～8年，短果枝占83%以上。坐果能力强，生理和采前落果少，丰产。3月上旬萌芽，3月下旬开花，4月中下旬成熟采收，11月上旬落叶。

📑 **品种评价**

早熟，风味酸甜，品质中，高产，抗旱中等，耐瘠薄，适应性较强。

生境

植株

枝叶

果实

米儿红

Cerasus pseudocerasus (Lindl.) G. Don
'Mierhong'

调查编号：YINYLSQB063

所属树种：中国樱桃 *Cerasus pseudocerasus* (Lindl.) G. Don

提 供 人：李良才
电　　话：15856878755
住　　址：安徽省太和县城关镇李营村

调 查 人：孙其宝
电　　话：13956066968
单　　位：安徽省农业科学院园艺研究所

调查地点：安徽省太和县城关镇李营村

地理数据：GPS 数据（海拔：57m，经度：E 115°35'46"，纬度：N33°10'01"）

样本类型：叶、枝条

生境信息

来源于当地，生于田间平地，土壤质地为砂壤土。种植年限为14年。

植物学信息

1. 植株情况

落叶乔木，树势中等，树姿开张，树形圆头形，树高5.8m，冠幅东西6.5m、南北6m，干高25cm，干周35cm。主干灰褐色，树皮块状裂，枝条密度中等。

2. 植物学特征

1年生枝褐色，长度中等，节间平均长2.1cm，粗度中等，平均粗1.6cm，多年生枝黄褐色。小枝灰绿色，光滑。冬芽长卵形，无毛。叶片倒卵状椭圆形，骤尖，宽楔形，边有重锯齿，齿端有锥状腺体，上面绿色。叶片长9.8cm，宽4.7cm，叶柄长1.2cm，无毛或被疏柔毛，先端常有一对盘状腺体。托叶卵形，绿色，有缺刻状锯齿，齿尖有圆头状腺体。花序近伞房总状，下部苞片大多不孕或仅顶端3枚苞片腋内着花。总苞片褐色，倒卵状长圆形，先端无毛，边有圆头状腺体。花轴被疏柔毛。苞片近圆形、宽卵形至长卵形，绿色，先端圆钝，边有盘状腺体。花梗无毛。萼筒钟状，萼片三角披针形，先端渐尖，边有头状腺体，与萼筒近等长或稍短。花纯白色，花冠蔷薇形。

3. 果实性状

果实圆球形，纵径1.0cm，横径0.9cm，侧径0.8cm，平均单果重1.3g以上，最大果重2.0g，果柄长1.8cm。果皮和果肉均为深红色，成熟度不一致，风味甜，品质佳。可溶性固形物含量16.4%；可溶性糖含量12%；酸含量0.6%；每百克果肉中维生素含量C4.6mg。

4. 生物学习性

生长势、萌芽力和发枝力强，开始结果年龄3年以上，盛果期年龄7～8年，短果枝占82%以上。坐果能力强，生理和采前落果少，丰产，大小年现象不显著。3月上旬萌芽，3月下旬开花，4月下旬成熟采收，11月中旬落叶。

品种评价

早熟，风味甜，品质佳，高产，抗病，抗旱，耐瘠薄，适应性强。

生境

植株

叶片

果实

白花

Cerasus pseudocerasus (Lindl.) G. Don
'Baihua'

调查编号： FAGNJGZQJ049

所属树种： 中国樱桃 *Cerasus pseudocerasus* (Lindl.) G. Don

提 供 人： 张鹏举
电　　话： 15237555708
住　　址： 四川省成都市蒲江县光明乡金花村

调 查 人： 张全军、钟必凤、王合川
电　　话： 13880343606
单　　位： 四川省农业科学院园艺研究所

调查地点： 四川省成都市蒲江县光明乡金花村

地理数据： GPS 数据（海拔：580m，经度：E103°49'82"，纬度：N30°15'76"）

样本类型： 叶片、枝条

生境信息

来源于当地，生于旷野中坡度为20°的坡地，该土地为人工林，土壤质地为砂土、砂壤土，pH6.8。现存53株。

植物学信息

1. 植株情况

落叶乔木，树势强，树姿直立，树形半圆形，树高1.6m。

2. 植物学特征

小枝灰色，被稀疏柔毛。冬芽长卵形，无毛。1年生枝红褐色，有光泽。叶片倒卵状椭圆形，骤尖，宽楔形，边有重锯齿，齿端有锥状腺体，上面绿色，或中脉被疏柔毛，下面淡绿色，无毛或被疏柔毛。叶柄无毛或被疏柔毛，先端常有一对盘状腺体。托叶卵形，绿色，有缺刻状锯齿，齿尖有圆头状腺体。近伞房总状花序。总苞片褐色，倒卵状长圆形，先端无毛，边有圆头状腺体。花轴被疏柔毛。苞片近圆形、宽卵形至长卵形，绿色，先端圆钝，边有盘状腺体。花梗无毛。萼筒钟状，长约5mm，外面有稀疏柔毛，萼片三角披针形，先端渐尖，边有头状腺体，与萼筒近等长或稍短。花纯白色，花冠蔷薇形。

3. 果实性状

果实圆球形，果顶较平圆，无明显果尖，纵径1.6cm，横径1.4cm，平均单果重2.2g以上，最大果重2.5g，果柄长1.6cm。果实粉红色，带黄晕，成熟度较一致，风味酸甜适中，品质佳。可溶性固形物含量17.8%。

4. 生物学习性

生长势强，果实采收期为5月初。

品种评价

高产，耐贫瘠，果实可食用。主要病虫害为黄化病。对寒、旱、涝、瘠、盐、风、日灼等恶劣环境有较强抵抗能力。

生境

植株

叶片

红花

Cerasus pseudocerasus (Lindl.) G. Don
'Honghua'

調查编号： FAGNJGZQJ050

所属树种： 中国樱桃 *Cerasus pseudocerasus* (Lindl.) G. Don

提 供 人： 张鹏举
电　　话： 15237555708
住　　址： 四川省成都市蒲江县光明乡金花村

調 查 人： 张全军、钟必凤、黄晓娇
电　　话： 13880343606
单　　位： 四川省农业科学院园艺研究所

調查地点： 四川省成都市蒲江县光明乡金花村

地理数据： GPS 数据（海拔：580m，经度：E 103°49'49"，纬度：N30°09'27"）

样本类型： 叶片、枝条

生境信息

来源于当地，生于旷野中坡度为20°的坡地，该土地为人工林，土壤质地为砂土、砂壤土，pH6.8。现存65株。

植物学信息

1. 植株情况

落叶乔木，树势强，树姿直立，树形半圆形，树高1.8m。

2. 植物学特征

1年生枝红褐色，无毛，有光泽。小枝灰色，被稀疏柔毛。冬芽长卵形，无毛。叶片倒卵状椭圆形，骤尖，宽楔形，边有重锯齿，齿端有锥状腺体，上面绿色，或中脉被疏柔毛，下面淡绿色，无毛或被疏柔毛。叶柄无毛或被疏柔毛，先端常有一对盘状腺体。托叶卵形，绿色，有缺刻状锯齿，齿尖有圆头状腺体。花序近伞房总状，下部苞片大多不孕或仅顶端3枚苞片腋内着花。总苞片褐色，倒卵状长圆形，先端无毛，边有圆头状腺体。花轴被疏柔毛。苞片近圆形、宽卵形至长卵形，绿色，先端圆钝，边有盘状腺体。花梗无毛。萼筒钟状，外面有稀疏柔毛，萼片三角披针形，先端渐尖，边有头状腺体，与萼筒近等长或稍短。花粉红色，花冠蔷薇形。

3. 果实性状

果实圆球形，果顶较平圆，无明显果尖，纵径1.7cm，横径1.5cm，侧径1.6cm，平均单果重3.2g以上，最大果重3.5g，果柄长1.8cm。果实红色,果皮红色，成熟度较一致，风味酸甜适中，品质佳。可溶性固形物含量17.8%。

4. 生物学习性

生长势、萌芽力和发枝力中等，开始结果年龄3年以上，盛果期年龄5~6年，以中、长果枝结果为主。坐果能力强，生理和采前落果少，丰产，大小年现象不显著。3月中旬萌芽，4月上旬开花，5月中下旬成熟采收，11月中旬落叶。

品种评价

高产，耐贫瘠，果实可食用。主要病虫害为黄化病。对寒、旱、涝、瘠、盐、风、日灼等恶劣环境有较强抵抗能力。

生境

叶片

枝条

果实

夕佳山土樱桃

Cerasus pseudocerasus (Lindl.) G. Don
'Xijiashantuyingtao'

调查编号： FAGNJGZQJ090

所属树种： 中国樱桃 *Cerasus pseudocerasus* (Lindl.) G. Don

提 供 人： 张鹏举
电　　话： 15237555708
住　　址： 四川省成都市蒲江县光明乡金花村

调 查 人： 张全军、钟必凤、黄燕辉
电　　话： 13880343606
单　　位： 四川省农业科学院园艺研究所

调查地点： 四川省宜宾市江安县夕佳山镇

地理数据： GPS 数据（海拔：418m，经度：E105°11'39"，纬度：N28°59'30"）

样本类型： 叶片、枝条

生境信息

来源于当地，生于旷野中坡度为20°的坡地，该土地为人工林，土壤质地为砂壤土，pH7.1。现存11株。

植物学信息

1. 植株情况

落叶乔木，树势强，树姿直立，树形半圆形，树高2.2m。

2. 植物学特征

小枝灰色，被稀疏柔毛。冬芽长卵形，无毛。叶片倒卵状椭圆形，骤尖，宽楔形，边有重锯齿，齿端有锥状腺体，上面绿色，或中脉被疏柔毛，下面淡绿色，无毛或被疏柔毛。1年生枝红褐色，有光泽。叶柄无毛或被疏柔毛，先端常有一对盘状腺体。托叶卵形，绿色，有缺刻状锯齿，齿尖有圆头状腺体。花序伞房状或近伞形，有花3~6朵，先叶开放。总苞倒卵状椭圆形，褐色，长约6mm，宽约3mm，边有腺齿。花梗长0.8~1.9cm，被疏柔毛。萼筒钟状，长3mm，宽3mm，外面被疏柔毛，萼片三角卵圆形或卵状长圆形，先端急尖或钝，边缘全缘，长为萼筒的一半或过半。花瓣白色，卵圆形，先端下凹或二裂。雄蕊30枚，多者可达52枚。花柱与雄蕊近等长，无毛，花纯白色，花冠蔷薇形。

3. 果实性状

果实近球形，果顶较平圆，无明显果尖。横径0.9cm，纵径1.3，侧径1.2cm，平均单果重1.5g以上，最大果重1.8g，果柄长1.7cm。果皮红色，成熟度较一致，风味酸甜适中，品质佳。可溶性固形物含量16.8%。

4. 生物学习性

生长势、萌芽力和发枝力中等，开始结果年龄3年以上，盛果期年龄7~8年，短果枝占86%左右。坐果能力强，生理和采前落果少，丰产，大小年现象不显著。3月中旬萌芽，4月上旬开花，5月中下旬成熟采收，11月中旬落叶。

品种评价

高产，耐贫瘠，果实可食用。主要病虫害为黄化病。对寒、旱、涝、瘠、盐、风、日灼等恶劣环境有较强抵抗能力。

生境

植株

叶片

陇南樱桃

Cerasus pseudocerasus (Lindl.) G. Don
'Longnanyingtao'

🔘 调查编号： CAOQFXG030

📇 所属树种： 中国樱桃 *Cerasus pseu-docerasus* (Lindl.) G. Don

📄 提 供 人： 辛国
电　　话： 13993950684
住　　址： 甘肃省陇南市武都区城关镇上黄家坝村

📋 调 查 人： 曹秋芬
电　　话： 13753480017
单　　位： 山西省农业科学院生物技术研究中心

📍 调查地点： 甘肃省陇南市武都区城关镇石家庄村

🌐 地理数据： GPS 数据（海拔：1043m，经度：E104°55'05"，纬度：N 33°24'50"）

🖼 样本类型： 叶、枝条

📋 生境信息

来源于当地，生于田间的平地或坡地，该土地为耕地，土壤质地为砂土。

📋 植物学信息

1. 植株情况

落叶乔木，树势强，树姿直立，树形半圆形，树高4.5m，冠幅东西4m、南北4m，干高0.4m，干周51cm。

2. 植物学特征

1年生枝红褐色，有光泽。小枝灰色，被稀疏柔毛。冬芽长卵形，无毛。叶片倒卵状椭圆形，骤尖，宽楔形，边有重锯齿，齿端有锥状腺体，上面绿色，或中脉被疏柔毛，下面淡绿色，无毛或被疏柔毛。叶片长11.5cm，宽6.5cm。叶柄无毛或被疏柔毛，先端常有一对盘状腺体。托叶卵形，绿色，有缺刻状锯齿，齿尖有圆头状腺体。花序近伞房总状，下部苞片大多不孕或仅顶端3枚苞片腋内着花。总苞片褐色，倒卵状长圆形，先端无毛，边有圆头状腺体。花轴被疏柔毛。苞片近圆形、宽卵形至长卵形，绿色，先端圆钝，边有盘状腺体。花梗无毛。萼筒钟状，外面有稀疏柔毛，萼片三角披针形，先端渐尖，边有头状腺体，与萼筒近等长或稍短。花纯白色，花冠蔷薇形。

3. 果实性状

果实圆球形，果顶较平圆，无明显果尖，纵径1.2cm，横径1.3cm，侧径1.1cm，平均单果重2.2g以上，果柄长1.7cm。果皮红色，成熟度较一致，风味酸甜适中，品质佳。可溶性固形物含量16.3%。

4. 生物学习性

生长势、萌芽力和发枝力中等，开始结果年龄3年以上，盛果期年龄5~6年，短果枝占82%左右。坐果能力强，丰产，大小年现象不显著。3月中旬萌芽，4月上旬开花，5月中下旬成熟采收，11月中旬落叶。

📋 品种评价

高产，耐贫瘠，果实可食用。主要病虫害种类为黄化病。对寒、旱、涝、瘠、盐、风、日灼等恶劣环境有较强抵抗能力。

生境

芽

花蕾

植株

花

成县樱桃

Cerasus pseudocerasus L.'Chengxianyingtao'

○ 调查编号：　CAOQFGSQ064

所属树种：　中国樱桃 *Cerasus pseu-docerasus* (Lindl.) G. Don

提 供 人：　郭社旗
电　　话：　15593909080
住　　址：　甘肃省陇南市成县林业局

调 查 人：　曹秋芬
电　　话：　13753480017
单　　位：　山西省农业科学院生物技术研究中心

调查地点：　甘肃省陇南市成县抛沙镇唐坪村

地理数据：　GPS 数据（海拔：1229m，经度：E105°40'11"，纬度：N 33°42'05"）

样本类型：　叶

生境信息

来源于当地，生于庭院中的台地，该土地为耕地，土壤质地为砂壤土。种植年限约10年，现存3株，种植农户为零星分布。

植物学信息

1. 植株情况

落叶乔木，树势中等，树姿半开张，树形半圆形，树高8m，冠幅东西6m、南北7m，干高1.2m，干周76cm，树皮丝状裂。

2. 植物学特征

1年生枝红褐色，有光泽，短、细，节间平均长1cm，皮目小、少、平。小枝灰色，被稀疏柔毛。冬芽长卵形，无毛。嫩叶红色，功能叶呈倒卵状椭圆形，有锥状腺体，上面绿色，或中脉被疏柔毛，下面淡绿色，无毛或被疏柔毛。叶片倒卵状椭圆形长11cm，宽6.5cm，近叶基部无褶缩，叶边锯齿圆钝。叶柄绿色，中等粗细长约1cm。叶柄无毛，先端常有一对盘状腺体。托叶卵形，绿色，有缺刻状锯齿，齿尖有圆头状腺体。花序近伞房总状，下部苞片大多不孕或仅顶端3枚苞片腋内着花。总苞片褐色，倒卵状长圆形，先端无毛，边有圆头状腺体。花轴被疏柔毛。苞片近圆形、宽卵形至长卵形，绿色，先端圆钝，边有盘状腺体。花梗无毛。萼筒钟状，外面有稀疏柔毛，萼片三角披针形，先端渐尖，边有头状腺体，与萼筒近等长或稍短。花纯白色，花冠蔷薇形。

3. 果实性状

果实圆球形，果顶较平圆，无明显果尖，纵径1.1cm，横径1.2cm，平均单果重1.4g以上，最大果重1.6g，果柄长1.7cm。果皮红色，成熟度较一致，风味酸甜适中，品质中等。可溶性固形物含量18.8%。

4. 生物学习性

生长势强、萌芽力和发枝力较强，开始结果年龄3年以上，盛果期年龄7～8年，短果枝结果为主。坐果能力强，产量较稳定，果实采收期为6月上旬。

品种评价

高产，耐贫瘠，果实可食用。主要病虫害为黄化病。对寒、旱、涝、瘠、盐、风、日灼等恶劣环境有较强抵抗能力。

生境

幼叶

芽

叶片

李圪垯樱桃

Cerasus pseudocerasus (Lindl.) G. Don
'Ligedayingtao'

调查编号： CAOSYXMS011

所属树种： 中国樱桃 *Cerasus pseu-docerasus* (Lindl.) G. Don

提 供 人： 潘同福
电　　话： 15893080189
住　　址： 河南省济源市邵原镇二里腰村

调 查 人： 薛茂盛
电　　话： 13569144873
单　　位： 国有济源市黄楝树林场

调查地点： 河南省济源市邵原镇二里腰村李圪垯

地理数据： GPS 数据（海拔：771m，经度：E112°06'18"，纬度：N 35°15'19"）

样本类型： 叶、枝条

生境信息

来源于外地，生于庭院中的平地，该土地为耕地，土壤质地为砂土。种植年限为50年，现存1株，种植农户为零星分布。

植物学信息

1. 植株情况

落叶半灌木，树势中等，树姿半开张，树形半圆形，树高6m，冠幅东西5m、南北5m，干高1.5m，干周40cm，主干褐色，树皮光滑不裂，枝条密度中等。

2. 植物学特征

1年生枝紫红色，有光泽，中等长度。叶片绿色，叶边锯齿圆钝。叶柄绿色，中等粗细。小枝灰色，被稀疏柔毛，细弱易弯曲。冬芽长卵形，无毛。叶片倒卵状椭圆形，骤尖，宽楔形，边有重锯齿，齿端有锥状腺体，上面绿色，或中脉被疏柔毛，下面淡绿色，无毛或被疏柔毛。叶片倒卵状椭圆形，骤尖，宽楔形，边有重锯齿，齿端有锥状腺体，上面绿色，或中脉被疏柔毛，下面淡绿色，无毛或被疏柔毛。花序伞房状或近伞形，有花3~6朵，先叶开放。总苞倒卵状椭圆形，褐色，长约5mm，宽约4mm，边有腺齿。花梗长1.2cm，被疏柔毛。萼筒钟状，长3mm，宽3mm，外面被疏柔毛，萼片三角卵圆形或卵状长圆形，先端急尖或钝，边缘全缘，长为萼筒的一半或过半。花瓣白色，卵圆形，先端下凹或二裂。雄蕊33枚，多者可达50枚。花柱与雄蕊近等长，无毛。

3. 果实性状

果实近球形，红色，果顶尖圆，有明显果尖，纵径1.1cm，横径1.0cm，侧径1.1cm，平均单果重1.2g以上，最大果重1.6g，果柄长1.7cm。果皮红色，成熟度较一致，风味酸甜适中，品质佳。可溶性固形物含量16.8%。

4. 生物学习性

生长势、萌芽力和发枝力中等，开始结果年龄3年以上，盛果期年龄7~8年。坐果能力强，生理和采前落果少，丰产，大小年现象不显著。3月中旬萌芽，4月上旬开花，6月中上旬成熟采收，11月中旬落叶。

品种评价

果实风味佳，高产、抗旱、耐贫瘠、丰产、适应性广，抗病虫害能力强。

植株

枝条

枝叶

幼果

结果状

响潭冲樱桃

Cerasus pseudocerasus (Lindl.) G. Don
'Xiangtanchongyingtao'

调查编号：CAOSYLBY008

所属树种：中国樱桃 *Cerasus pseudocerasus* (Lindl.) G. Don

提 供 人：李本银
电　　话：13703455340
住　　址：河南省南阳市经济作物推广站

调 查 人：李好先
电　　话：13903834781
单　　位：中国农业科学院郑州果树研究所

调查地点：河南省桐柏市朱庄乡响潭冲村刘庄组

地理数据：GPS 数据（海拔：190m，经度：E113°30'59"，纬度：N 32°31'28"）

样本类型：叶、枝条

生境信息

来源于当地，生于庭院中坡度为15°的坡地，该土地为庭院，土壤质地为黏壤土。种植年限为20年，现存1株，种植农户数1户。

植物学信息

1. 植株情况

落叶乔木，繁殖方法为嫁接，树势弱，树形半定形，露地越冬不埋土，单干，最大干周30cm。

2. 植物学特征

1年生枝褐色，长度中等，节间平均长3.5cm，粗度中等，平均粗2.1cm，多年生枝黄褐色。枝条内梢茸毛密，梢尖茸毛着色极浅，成熟枝条暗褐色。叶片绿色，长13.0cm，宽6.4cm，叶柄1.2cm。花序近伞房总状，下部苞片大多不孕或仅顶端3枚苞片腋内着花。总苞片褐色，倒卵状长圆形，先端无毛，边有圆头状腺体。花轴被疏柔毛。苞片近圆形、宽卵形至长卵形，绿色，先端圆钝，边有盘状腺体。花梗无毛。萼筒钟状，外面有稀疏柔毛，萼片三角披针形，先端渐尖，边有头状腺体，与萼筒近等长或稍短。花纯白色，花冠蔷薇形。

3. 果实性状

果实近球形，橙红色，果实圆球形，果顶较平圆，无明显果尖，纵径1.1cm，横径1.0cm，侧径0.9cm，平均单果重1.2g以上，最大果重1.5g，果柄长1.6cm。成熟度较一致，风味酸甜适中，品质一般。

4. 生物学习性

生长势弱，开始结果年龄为3年，开始结果年龄3年以上，盛果期年龄5~6年。坐果能力强，生理和采前落果少，丰产，大小年现象不显著。每结果枝上平均果穗数5个，副梢结实力弱，全树一致成熟。2月中旬萌芽，3月上旬始花，4月下旬果实始熟，5月上旬果实成熟。

品种评价

耐贫瘠、果实可食用。树势弱，病害稍重。

植株

枝条

叶片

树干

萌蘖

野樱桃

Cerasus pseudocerasus (Lindl.) G. Don
'Yeyingtao'

🔘 调查编号： CAOSYLJZ022

📇 所属树种： 中国樱桃 *Cerasus pseudocerasus* (Lindl.) G. Don

📄 提 供 人： 李建志
电 话： 13933782273
住 址： 河南省南阳市淅川县毛堂乡店子村

📑 调 查 人： 李好先
电 话： 13903834781
单 位： 中国农业科学院郑州果树研究所

📍 调查地点： 河南省南阳市淅川县毛堂乡石槽沟村老庄组

🌐 地理数据： GPS 数据（海拔：413m，经度：E111°21'22"，纬度：N 33°12'33"）

🖼 样本类型： 叶、枝条

📋 生境信息

来源于当地，生于旷野中的平地，该土地为原始林，土壤质地为砂壤土。种植年限为25年，现存约1000株。

📋 植物学信息

1. 植株情况

落叶乔木，繁殖方法为嫁接。枝条内梢无茸毛，梢尖茸毛无着色，成熟枝条灰白色。

2. 植物学特征

1年生枝褐色，长度中等，节间平均长3.5cm，粗度中等，平均粗2.1cm，多年生枝黄褐色。叶片长10.6cm，宽6.3cm，叶柄长1.2cm。叶片倒卵状椭圆形，骤尖，宽楔形，边有重锯齿，齿端有锥状腺体，上面绿色，或中脉被疏柔毛，下面淡绿色，无毛或被疏柔毛。叶柄无毛或被疏柔毛，先端常有一对盘状腺体。托叶卵形，绿色，有缺刻状锯齿，齿尖有圆头状腺体。花序近伞房总状，下部苞片大多不孕或仅顶端3枚苞片腋内着花。总苞片褐色，倒卵状长圆形，先端无毛，边有圆头状腺体。花轴被疏柔毛。苞片近圆形、宽卵形至长卵形，绿色，先端圆钝，边有盘状腺体。花梗无毛。萼筒钟状，外面有稀疏柔毛，萼片三角披针形，先端渐尖，边有头状腺体，与萼筒近等长或稍短，花纯白色，花冠蔷薇形，花瓣大而厚。

3. 果实性状

果实近球形，纵径1.05cm，横径1.3cm，侧径1.0cm，平均单果重1.5g以上，最大果重2.1g，果柄长1.65cm。果皮和果肉均为红色，成熟度较一致，风味微酸，品质中。可溶性固形物含量15.4%。

4. 生物学习性

生长势中等，开始结果年龄为8年，每结果枝上平均果穗数10个，全树一致成熟。2月下旬萌芽，3月上旬始花，5月上旬果实始熟，5月种旬果实成熟。

📋 品种评价

耐贫瘠、果实较早熟，可食用。果皮薄、果肉少、核大。

植株

小枝

树干

叶片

金房屯樱桃 1号

Cerasus pseudocerasus (Lindl.) G. Don
'Jinfangtunyingtao 1'

调查编号： CAOSYNJ003

所属树种： 中国樱桃 *Cerasus pseu-docerasus* (Lindl.) G. Don

提 供 人： 于崇信
电　　话： 13214221576
住　　址： 辽宁省庄河市城山镇古城村金房屯42号

调 查 人： 曹尚银、牛娟
电　　话： 13937192127
单　　位： 中国农业科学院郑州果树研究所

调查地点： 辽宁省庄河市城山镇古城村金房屯42号

地理数据： GPS 数据（海拔：110m，经度：E122°39'07"，纬度：N 39°46'02"）

样本类型： 叶、枝条

生境信息

来源于当地，生于田间中的平地，该土地为耕地，土壤质地为砂壤土。种植年限为5年。

植物学信息

1. 植株情况

落叶灌木，繁殖方法为嫁接。枝条内梢无茸毛，梢尖茸毛无着色，成熟枝条灰白色。

2. 植物学特征

小枝灰绿色，被稀疏柔毛。冬芽长卵形，无毛。幼叶黄绿色，成龄叶卵状椭圆形，骤尖，宽楔形，边有重锯齿，齿端有锥状腺体，上面绿色，或中脉被疏柔毛，下面淡绿色，无毛或被疏柔毛。1年生枝褐色，长度中等，节间平均长3.5cm，粗度中等，平均粗2.1cm，多年生枝黄褐色。叶片长10.0cm，宽5.4cm，叶柄长1.2cm。花序近伞房总状，下部苞片大多不孕或仅顶端3枚苞片腋内着花。总苞片褐色，倒卵状长圆形，先端无毛，边有圆头状腺体。花轴被疏柔毛。苞片近圆形、宽卵形至长卵形，绿色，先端圆钝，边有盘状腺体。花梗无毛。萼筒钟状，外面有稀疏柔毛，萼片三角披针形，先端渐尖，边有头状腺体，与萼筒近等长或稍短。花纯白色，花冠蔷薇形。

3. 果实性状

果实近球形，红色，直径约0.9cm。

4. 生物学习性

生长势、萌芽力和发枝力强，开始结果年龄3年以上，盛果期年龄7~8年，短果枝占80%以上。坐果能力强，生理和采前落果少，丰产，大小年现象不显著。3月上旬萌芽，3月中旬至3月下旬开花，5月中旬成熟采收，11月中旬落叶。

品种评价

耐贫瘠、果实可食用。果皮薄、微酸，果肉少、核大。

生境

植株

枝条

金房屯樱桃 2号

Cerasus pseudocerasus (Lindl.) G. Don
'Jinfangtunyingtao 2'

调查编号： CAOSYNJ011

所属树种： 中国樱桃 *Cerasus pseudocerasus* (Lindl.) G. Don

提 供 人： 于崇信
电　　话： 13214221576
住　　址： 辽宁省庄河市城山镇古城村金房屯42号

调 查 人： 曹尚银、牛娟
电　　话： 13937192127
单　　位： 中国农业科学院郑州果树研究所

调查地点： 辽宁省庄河市城山镇古城村金房屯42号

地理数据： GPS 数据（海拔：118m，经度：E122°39'12"，纬度：N 39°46'07"）

样本类型： 叶、枝条

生境信息

来源于当地，生于庭院中的坡地，该土地为耕地，土壤质地为砂壤土。种植年限为12年，现存30株。

植物学信息

1. 植株情况

落叶灌木，树势中等，树姿开张，树形半圆形，树高1.8m，冠幅东西2.5m、南北2.1m，干高0.8m，干周75cm。主干褐色，树皮块状裂，枝条密。

2. 植物学特征

小枝灰色，被稀疏柔毛。冬芽长卵形，无毛。叶片倒卵状椭圆形，骤尖，宽楔形，边有重锯齿，齿端有锥状腺体，上面绿色，或中脉被疏柔毛，下面淡绿色，无毛或被疏柔毛。1年生枝挺直，褐色，长度中等，节间平均长2.5cm，粗度中等，平均粗0.3cm。嫩梢上茸毛灰色，中等程度。皮目中等大小，外凸。多年生枝灰褐色。叶片绿色。花序伞房状或近伞形，有花5朵，先叶开放。总苞倒卵状椭圆形，褐色，长约5mm，宽约4mm，边有腺齿。花梗长1.3cm，被疏柔毛。萼筒钟状，长3mm，宽4mm，外面被疏柔毛，萼片三角卵圆形或卵状长圆形，先端急尖或钝，边缘全缘，长为萼筒的一半或过半。花瓣白色，卵圆形，先端下凹或二裂。雄蕊33枚，多者可达50枚。花柱与雄蕊近等长，无毛。

3. 果实性状

果实近球形，红色，直径约1.0cm。

4. 生物学习性

生长势强、萌芽力和发枝力均强，开始结果年龄3年以上，盛果期年龄7～8年，长枝结果为主。坐果能力中等，生理和采前落果少，丰产。3月中旬萌芽，6月中下旬成熟采收，11月上旬落叶。

品种评价

果实风味佳，高产、抗旱、耐贫瘠、丰产、适应性广，抗病能力强。

生境

植株

枝条

大洪山樱桃

Cerasus pseudocerasus
(Lindl.) G. Don 'Dahongshanyingtao'

調查編號： CAOSYLHX178

所属树种： 中国樱桃 *Cerasus pseu-docerasus* (Lindl.) G. Don

提 供 人： 余光志
电　　话： 13591829558
住　　址： 湖北省随州市随县长岗镇
　　　　　熊氏祠村2组

调 查 人： 谢恩忠、李好先、赵弟广
电　　话： 13908663530
单　　位： 湖北省随州市林业局

调查地点： 湖北省随州市随县长岗镇
　　　　　熊氏祠村2组

地理数据： GPS 数据（海拔: 326m,
　　　　　经度: E112°58'16", 纬度: N 31°31'25"）

样本类型： 叶、枝条

生境信息

来源于当地，生于庭院中坡度为45°的坡地，该土地为原始林，土壤质地为壤土。种植年限为15年，最大树龄20年。现存10株。

植物学信息

1. 植株情况

落叶乔木，树势弱，树高5.5m，冠幅东西2.1m、南北2.0m，干高1.7m，干周30cm。主干褐色，树皮丝状裂，枝条疏。

2. 植物学特征

1年生枝红褐色，无光泽，长度短，节间平均长4cm，粗度中等，平均粗1.3cm。皮目中等大小、多、外凸、椭圆形。多年生枝黄褐色。叶片绿色。花序伞房状或近伞形，有花4朵，先叶开放。总苞倒卵状椭圆形，褐色，长约5mm，宽约4mm，边有腺齿。花梗长1.2cm，被疏柔毛。萼筒钟状，长5mm，宽4mm，外面被疏柔毛，萼片三角卵圆形或卵状长圆形，先端急尖或钝，边缘全缘，长为萼筒的一半或过半。花瓣白色，卵圆形，先端下凹或二裂。雄蕊40枚，多者可达52枚。花柱与雄蕊近等长，无毛。

3. 果实性状

果实圆球形，纵径0.9cm，横径0.89cm，侧径0.86cm，平均单果重1.0g以上，最大果重1.12g，果柄长1.5cm。果皮和果肉均为红色，成熟度一致，风味甜，品质佳。可溶性固形物含量15.4%。

4. 生物学习性

生长势、萌芽力和发枝力中等，开始结果年龄3年以上，盛果期年龄6～7年，生长势中，2月上旬萌芽，3月上旬开花，4月下旬果实采收。

品种评价

果实风味中等，高产、抗旱、耐贫瘠、丰产、适应性广，抗病能力强。

生境

植株

芽

叶片

树干

枝条

苏家河樱桃

Cerasus pseudocerasus (Lindl.) G. Don
'Sujiaheyingtao'

调查编号：CAOSYLHX184

所属树种：中国樱桃 *Cerasus pseudocerasus* (Lindl.) G. Don

提 供 人：谢恩明
电　　话：13197465243
住　　址：湖北省随州市随县环潭镇苏家河村6组石塘湾

调 查 人：谢恩忠、李好先、赵弟广
电　　话：13908663530
单　　位：湖北省随州市林业局

调查地点：湖北省随州市随县环潭镇苏家河村6组石塘湾

地理数据：GPS 数据（海拔：133m，经度：E113°04'37"，纬度：N31°51'57"）

样本类型：叶、枝条

生境信息

来源于当地，生于庭院中坡度为45°的坡地，该土地为原始林，土壤质地为壤土。种植年限为45年，最大树龄50年。现存1株。

植物学信息

1. 植株情况

落叶乔木，树势弱，树姿直立，树形乱头形，树高8.0m，冠幅东西7.5m、南北8.0m，干高1.4m，干周70cm。主干褐色，树皮光滑不裂，枝条疏。

2. 植物学特征

1年生枝红褐色，有光泽，节间平均长5cm，粗度细，平均粗1.2cm。皮目小、少，外凸，椭圆形。小枝灰绿色，光滑无毛。冬芽长卵形，无毛。多年生枝黄褐色。叶片绿色。花序伞房状或近伞形，有花5朵，先叶开放。总苞倒卵状椭圆形，褐色，长约5mm，宽约4mm，边有腺齿。花梗长1.3cm，被疏柔毛。萼筒钟状，长3mm，宽4mm，外面被疏柔毛，萼片三角卵圆形或卵状长圆形，先端急尖或钝，边缘全缘，长为萼筒的一半或过半。花梗无毛。萼筒钟状，外面有稀疏柔毛，萼片三角披针形，先端渐尖，边有头状腺体，与萼筒近等长或稍短花纯白色，花冠蔷薇形。花瓣白色，卵圆形，先端下凹或二裂。雄蕊41枚，多者可达52枚。花柱与雄蕊近等长，无毛。

3. 果实性状

果实圆球形，果顶较平圆，无明显果尖，纵径1.7cm，横径1.5cm，侧径1.6cm，平均单果重3.2g以上，最大果重3.5g，果柄长1.7cm。果皮橙红色，成熟度较一致，风味甜，品质佳。可溶性固形物含量17.6%；直径1.0cm。

4. 生物学习性

生长势、萌芽力和发枝力中等，开始结果年龄3年以上，盛果期年龄5~8年，以中、短果枝结果为主。2月上旬萌芽，3月中旬开花，6月下旬果实采收，11月中旬落叶。

品种评价

果实风味佳，高产、较耐贫瘠、丰产、适应性广，抗病能力力强，不耐积水和干旱。

植株

叶片

幼果

芽

花

花蕾

结巴村樱桃 1号

Cerasus pseudocerasus (Lindl.) G. Don
'Jiebacunyingtao 1'

调查编号：CAOSYCRLJ016

所属树种：中国樱桃 *Cerasus pseudocerasus* (Lindl.) G. Don

提 供 人：次仁朗杰
电　　话：13889041515
住　　址：西藏自治区八一镇市科技局

调 查 人：李好先
电　　话：13903834781
单　　位：中国农业科学院郑州果树研究所

调查地点：西藏自治区米林县错高镇结巴村

地理数据：GPS数据（海拔：3519.5m，经度：E93°58'43"，纬度：N30°00'04"）

样本类型：枝条、种子（果实）、叶

生境信息

土地类型为山地，生于旷野，植被类型为原始林，树体周围伴生优势树种为青岗树。处于坡地，坡度45°，西南坡向。土壤属于砂土，pH6.5～7.1。种植年限300年以上。现存1株。

植物学信息

1. 植株情况

属乔木，树势较弱；树姿开张；树形乱头形；树高2.6m，冠幅东西2.8m、南北3.0m，干高0.5m，干周220cm；主干黑色，树皮呈丝状裂，枝条较稀疏。

2. 植物学特征

1年生枝紫红色，有光泽；节间平均长3.8cm，较细；平均粗约0.8cm，皮目小、少、凸、近圆形。叶片较小，长9.4cm，宽5.3cm；叶片较薄，绿黄色，近叶基部褶缩少，叶边锯齿锐状，有齿尖腺体；叶柄较短，长约0.8cm，粗度中等，略带红色。

3. 果实性状

果实长圆球形，纵径1.2cm，横径0.6cm，侧径0.6cm，平均单果重0.8g以上，最大果重1.1g，果柄长2.4cm。当地7月份，果皮和果肉均为绿色，可溶性固形物含量4.7%。成熟度一致，风味微酸，品质一般。

4. 生物学特性

生长势、萌芽力和发枝力弱，开始结果年龄8年以上，盛果期年龄7～8年，短果枝占60%以上。坐果能力弱，生理和采前落果少，大小年现象显著。4月上旬萌芽，5月下旬至5月上旬开花，8月中下旬成熟采收，10月中旬落叶。

品种评价

风味微酸，品质一般，抗病，抗旱，耐瘠薄，适应性强。

枝条

果实性状

植株

枝干

叶片

结巴村樱桃 2号

Cerasus pseudocerasus (Lindl.) G. Don
'Jiebacunyingtao 2'

调查编号： CAOSYCRLJ017

所属树种： 中国樱桃 *Cerasus pseudocerasus* (Lindl.) G. Don

提 供 人： 次仁朗杰
电　　话： 13889041515
住　　址： 西藏自治区八一镇市科技局

调 查 人： 李好先
电　　话： 13903834781
单　　位： 中国农业科学院郑州果树研究所

调查地点： 西藏自治区米林县错高镇结巴村

地理数据： GPS 数据（海拔：3519.5m，经度：E93°54'56"，纬度：N30°00'28"）

样本类型： 枝条、种子（果实）、叶

生境信息

来源于当地，土地类型为山地，生于旷野，植被类型为原始林，树体周围伴生优势树种为青岗树。处于坡地，坡度30°，西南坡向。土壤属于砂土，pH6.5～7.1。种植年限100年以上。现存1株。

植物学信息

1. 植株情况

落叶乔木，树势强，树姿开张，树形圆头形，树高20m，冠幅东西22m、南北25m，干高0.9m，干周510cm。主干黑色，树皮呈丝状裂，枝条较密。

2. 植物学特征

1年生枝紫红色，有光泽；节间平均长1.8cm，粗度中等，平均粗约1.2cm，皮目小且少，呈近圆形凸起。叶片中等大小，长约9.5cm，宽5.0cm；叶片较厚，叶色浓绿；近叶基部无褶缩；叶边锯齿圆钝，有齿尖腺体；叶柄长约1.7cm，略带红色。

3. 果实性状

果实长圆球形，纵径1.1cm，横径1.0cm，侧径0.8cm，平均单果重1.4g以上，最大果重1.5g，果柄长2.5cm。当地7月份，果皮和果肉均为绿色，可溶性固形物含量8.1%。成熟度一致，风味较酸，略带涩味，品质一般。

4. 生物学特性

生长势、萌芽力和发枝力弱，开始结果年龄8年以上，盛果期年龄15～20年，短果枝占60%以上。坐果能力弱，生理和采前落果少，大小年现象显著。4月上旬萌芽，5月下旬至5月上旬开花，8月中下旬成熟采收，10月中旬落叶。

品种评价

风味较酸，略带涩味，品质一般，抗病，抗旱，耐瘠薄，适应性强。

枝叶

树干

生境

枝条

果实

结巴村樱桃 3号

Cerasus pseudocerasus (Lindl.) G. Don
'Jiebacunyingtao 3'

◎ 调查编号： CAOSYCRLJ018

❦ 所属树种： 中国樱桃 *Cerasus pseudocerasus* (Lindl.) G. Don

📄 提 供 人： 次仁朗杰
　 电　　话： 13889041515
　 住　　址： 西藏自治区八一镇市科技局

📑 调 查 人： 李好先
　 电　　话： 13903834781
　 单　　位： 中国农业科学院郑州果树研究所

📍 调查地点： 西藏自治区米林县错高镇结巴村

🌐 地理数据： GPS数据（海拔：3492.9m，经度 E：93°54'55"，纬度 N：30°00'00"）

🖼 样本类型： 枝条、种子（果实）、叶

📋 生境信息

来源于当地，土地类型为山地，生于旷野，植被类型为原始林，树体周围伴生优势树种为青岗树。处于坡地，坡度35°，东南坡向。土壤属于砂土，pH6.5~7.1。种植年限300年。现存1株。

📇 植物学信息

1. 植株情况

属乔木，树势强，树姿开张，树形圆头形，树高15m，冠幅东西18m、南北16m，干高0.4m，干周220cm。主干黑色，树皮丝状裂，枝条密。

2. 植物学特征

1年生枝紫红色，有光泽；长度较长；节间平均长约4.5cm，粗度中等，平均粗0.9cm，皮目小且少，呈近圆形凸起。叶片大，长12.0cm，宽5.3cm；叶片厚，浓绿色；近叶基部无褶缩，叶边锯齿圆钝，有齿尖腺体；叶柄长1.2cm，粗度细，绿色。

3. 果实性状

果实长圆球形，纵径1.2cm，横径0.7cm，侧径0.6cm，平均单果重1.2g以上，最大果重1.5g，果柄长1.8cm。当地7月份，果皮和果肉均为绿色，可溶性固形物含量5.4%。成熟度一致，风味微酸，品质一般。

4. 生物学特性

生长势、萌芽力和发枝力弱，开始结果年龄8年以上，盛果期年龄15~20年，短果枝占60%以上。坐果能力弱，生理和采前落果少，大小年现象显著。4月上旬萌芽，5月下旬至5月上旬开花，8月中下旬成熟采收，10月中旬落叶。

📋 品种评价

风味微酸，品质一般，抗病，抗旱，耐瘠薄，适应性强。

生境

植株

叶片

果实性状

结巴村樱桃 4号

Cerasus pseudocerasus (Lindl.) G. Don
'Jiebacunyingtao 4'

调查编号： CAOSYCRLJ019

所属树种： 中国樱桃 *Cerasus pseudocerasus* (Lindl.) G. Don

提 供 人： 次仁朗杰
电　　话： 13889041515
住　　址： 西藏自治区八一镇市科技局

调 查 人： 李好先
电　　话： 13903834781
单　　位： 中国农业科学院郑州果树研究所

调查地点： 西藏自治区米林县错高镇结巴村

地理数据： GPS数据（海拔：3491.3 m
经度：E93°54'55"，纬度：N30°00'28"）

样本类型： 枝条、种子（果实）、叶

生境信息

来源于当地。土地类型为山地，生于旷野，植被类型为原始林，树体周围伴生优势树种为青岗树。处于坡地，坡度30°，坡向南。土壤属于砂土，pH6.7～7.1。种植年限100年以上。现存1株。

植物学信息

1. 植株情况

属乔木，树势弱，树姿开张，树形乱头形，树高15m，冠幅东西18m、南北20m，干高2.1m，干周470cm。主干黑色，树皮丝状裂，枝条稀疏。

2. 植物学特征

1年生枝紫红色，有光泽；长度较短；节间平均长1.8cm，粗度中等，平均粗0.28cm，皮目小、少、凸，近圆形。叶片中等大小，平均长9.9cm，宽4.9cm；叶片较薄，浓绿色；近叶基部无褶缩，叶边锯齿锐状；叶柄长1.7cm，粗度中等，绿色。

3. 果实性状

果实长圆球形，纵径1.0cm，横径0.7cm，侧径0.6cm，平均单果重1.3g以上，最大果重2.1g，果柄长2.2cm。当地7月份，果皮和果肉均为绿色，可溶性固形物含量5.1%。成熟度一致，风味微酸，品质一般。

4. 生物学特性

生长势、萌芽力和发枝力较弱，开始结果年龄5年以上，盛果期年龄15～20年，短果枝占80%以上。坐果能力弱，生理和采前落果少，大小年现象显著。4月上旬萌芽，5月下旬至5月上旬开花，8月中下旬成熟采收，10月中旬落叶。

品种评价

风味微酸，品质一般，抗病，抗旱，耐瘠薄，适应性强。

生境

叶片

植株

果实

橾樱桃

Cerasus pseudocerasus (Lindl.) G. Don
'Shuyingtao'

调查编号： CAOSYLBB001

所属树种： 中国樱桃 *Cerasus pseudocerasus* (Lindl.) G. Don

提供人： 郭玉兴
电　话： 13703455340
住　址： 河南省郑州市二七区侯寨乡奶奶洞村

调查人： 李好先、刘贝贝
电　话： 13903834781
单　位： 中国农业科学院郑州果树研究所

调查地点： 河南省桐柏市朱庄镇响潭冲村刘庄组

地理数据： GPS 数据（海拔：220m，经度：E113°35′28.5″，纬度：N34°37′28.1″）

样本类型： 叶、枝条

生境信息

来源于当地，生于庭院中坡度为15°的坡地，该土地为庭院，土壤质地为黏壤土。种植年限为13年，现存5株，种植农户数1户。

植物学信息

1. 植株情况

落叶乔木，繁殖方法为嫁接，树势弱，树姿开张，树形不定形。树高3.5m，冠幅东西3.0m、南北4.0m，干高50cm，干周22cm，最大干周47cm。主干灰褐色，树皮块状裂，枝条密度中等。

2. 植物学特征

1年生枝褐色，长度中等，节间平均长3.5cm，粗度中等，平均粗2.1cm，多年生枝黄褐色。冬芽长卵形，无毛。小枝灰绿色，被稀疏柔毛。叶片倒卵状椭圆形，骤尖，宽楔形，边有锯齿，齿端有锥状腺体，上面绿色，或中脉被疏柔毛，下面淡绿色，无毛。叶片绿色，长10.0cm，宽6.0cm，叶柄长1.2cm，无毛或被疏柔毛，先端常有一对盘状腺体。托叶卵形，绿色，有缺刻状锯齿，齿尖有圆头状腺体。花序近伞房总状，下部苞片大多不孕或仅顶端3枚苞片腋内着花。总苞片褐色，倒卵状长圆形，先端无毛，边有圆头状腺体。花轴被疏柔毛。苞片近圆形、宽卵形至长卵形，绿色，先端圆钝，边有盘状腺体。花梗无毛。萼筒钟状，外面有稀疏柔毛，萼片三角披针形，先端渐尖，边有头状腺体，与萼筒近等长或稍短。花纯白色，花冠蔷薇形。

3. 果实性状

果实近球形，黑红色，风味甜，平均单果重1.2g以上，最大果重1.5g，果柄长1.8cm。果皮红色，成熟度较一致，风味酸甜适中，品质佳。可溶性固形物含量16.6%，落果少。

4. 生物学习性

生长势弱，开始结果年龄为3年，每结果枝上平均果穗数5个，副梢结实力弱，全树一致成熟。3月中旬萌芽，3月下旬始花，4月下旬果实始熟，5月上旬果实成熟。

品种评价

耐贫瘠、果实可食用。树势弱，病害稍重。

生境

叶片

植株

枝条

曹庙樱桃1号

Cerasus pseudocerasus (Lindl.) G. Don
'Caomiaoyingtao 1'

调查编号： CAOSYZFH002

所属树种： 中国樱桃 *Cerasus pseu-docerasus* (Lindl.) G. Don

提 供 人： 赵弟广
电　　话： 18503829177
住　　址： 中国农业科学院郑州果树研究所

调 查 人： 李好先、张富红
电　　话： 13903834781
单　　位： 中国农业科学院郑州果树研究所

调查地点： 河南省郑州市二七区侯寨乡曹庙村

地理数据： GPS数据（海拔：220m，经度：E113°35'19"，纬度：N34°36'58"）

样本类型： 枝条、种子（果实），叶

生境信息

来源于当地。地带及植被类型为田间，旷野小生境。土地利用为村中平地，属于砂土。土壤pH6.5～7.1。现存3株。

植物学信息

1. 植株情况

属乔木，树势较弱，树姿开张，树形无定形，树高4.6m，冠幅东西7m、南北5.5m，干高1m，干周180cm。主干黑色，树皮呈丝状裂，枝条较稀疏。

2. 植物学特征

1年生枝紫红色，有光泽；节间平均长3.8cm，较细；平均粗约1.2cm，皮目小、少、凸、近圆形。叶片较小，长12cm，宽7cm；叶片较薄，绿黄色；近叶基部褶缩少，叶边锯齿锐状；有齿尖腺体；叶柄较短，长度约0.8cm，粗度中等，略带红色，无毛或被疏柔毛，先端有一对盘状腺体。托叶卵形，绿色，有缺刻状锯齿，齿尖有圆头状腺体。花序近伞房总状，下部苞片大多不孕或仅顶端3枚苞片腋内着花。总苞片褐色，倒卵状长圆形，先端无毛，边有圆头状腺体。花轴被疏柔毛。苞片近圆形、宽卵形至长卵形，绿色，先端圆钝，边有盘状腺体。花梗无毛。萼筒钟状，外面有稀疏柔毛，萼片三角披针形，先端渐尖，边有头状腺体，与萼筒近等长或稍短。花纯白色，花冠蔷薇形。

3. 果实性状

果实长圆球形，纵径1.2cm，横径1.0cm，侧径0.9cm，平均单果重1.4g以上，最大果重2g，果柄长1.8cm。果皮紫红色，成熟度较一致，风味酸甜适中，品质佳。

4. 生物学特性

生长势、萌芽力和发枝力弱，开始结果年龄3年以上，盛果期年龄7～20年，短果枝占60%以上。坐果能力弱，生理和采前落果少，大小年现象显著。3月上旬萌芽，3月下旬至4月上旬开花，5月中下旬成熟采收，11月上中旬落叶。

品种评价

品质佳，抗病，抗旱，耐瘠薄，适应性强。

生境

植株

叶片

枝条

曹庙樱桃 2 号

Cerasus pseudocerasus (Lindl.) G. Don
'Caomiaoyingtao 2'

调查编号： CAOSYZFH003

所属树种： 中国樱桃 *Cerasus pseudocerasus* (Lindl.) G. Don

提 供 人： 赵弟广
电　　话： 18503829177
住　　址： 中国农业科学院郑州果树研究所

调 查 人： 李好先、张富红
电　　话： 13903834781
单　　位： 中国农业科学院郑州果树研究所

调查地点： 河南省郑州市二七区侯寨乡曹庙村

地理数据： GPS 数据（海拔：160m，经度：E113°35'26"，纬度：N34°36'47"）

样本类型： 枝条、种子（果实），叶

生境信息

来源于当地。地带及植被类型为田间，旷野小生境。土地利用：原始林。属于砂土。土壤pH6.5～7.1。种植年限80年。现存1株。

植物学信息

1. 植株情况

属乔木，树势较弱，树姿开张，树形无定形，树高4.5m，冠幅东西8m、南北7m，干高0.5m，干周150cm。主干黑色，树皮呈丝状裂，枝条较稀疏。

2. 植物学特征

1年生枝紫红色，有光泽；节间平均长3.8cm，较细；平均粗约0.8cm，皮目小、少、凸、近圆形。叶片较小，长11cm，宽5cm；叶片较薄，绿黄色；近叶基部褶缩少，叶边锯齿锐状，有齿尖腺体；叶柄较短，长度约1.0cm，粗度中等，略带红色，无毛或被疏柔毛，先端有一对盘状腺体。托叶卵形，绿色，有缺刻状锯齿，齿尖有圆头状腺体。花序近伞房总状，下部苞片大多不孕。总苞片褐色，倒卵状长圆形，先端无毛，边有圆头状腺体。花轴被疏柔毛。苞片长卵形，绿色，先端圆钝，边有盘状腺体。花梗无毛。萼筒钟状，外面有稀疏柔毛，萼片三角披针形，先端渐尖，边有头状腺体，与萼筒近等长或稍短。花纯白色，花冠蔷薇形。

3. 果实性状

果实长圆球形，纵径1.0cm，横径0.95cm，侧径0.9cm，平均单果重1.2g以上，最大果重2g，果柄长1.8cm。果皮紫红色，成熟度较一致，风味酸甜适中，品质佳。

4. 生物学特性

生长势、萌芽力和发枝力弱，开始结果年龄3年以上，盛果期年龄7～20年，短果枝结果为主，部分长果枝结果。坐果能力弱，采前少量落果，大小年现象显著。3月上旬萌芽，3月上旬至中旬开花，5月中旬成熟采收，11月上中旬落叶。

品种评价

品质佳，抗病，抗旱，耐瘠薄，适应性强。

生境

植株

枝条

黄沟樱桃

Cerasus pseudocerasus (Lindl.) G. Don
'Huanggouyingtao'

🔘 调查编号：CAOSYZFH004

📇 所属树种：中国樱桃 *Cerasus pseudo-docerasus* (Lindl.) G. Don

📄 提 供 人：邱文卷
　　电　　话：18848850967
　　住　　址：中国农业科学院郑州果树研究所

🔍 调 查 人：李好先、张富红
　　电　　话：13903834781
　　单　　位：中国农业科学院郑州果树研究所

📍 调查地点：河南省郑州市二七区侯寨乡黄沟村

🌐 地理数据： GPS 数据（海拔：220m，经度：E113°35'50"，纬度：N34°36'28"）

🖼 样本类型： 枝条、种子，叶

📋 生境信息

来源于当地，生境来源于庭院，属于砂壤土。土壤pH6.5～7.1。种植年限20年，现存1株。

📇 植物学信息

1. 植株情况

属乔木，树势中等，为实生树种，树姿开张，树形为扇形，树高4.5m，冠幅东西10m、南北4m，植株成丛状，无中央领导干。主干黑褐色，树皮呈丝状裂，枝条较稀疏。

2. 植物学特征

1年生枝紫红色，有光泽；节间平均长3.8cm，较细；平均粗约0.78cm，皮目小、少、凸、近圆形。叶片较小，长11cm，宽7cm；叶片较薄，绿黄色；近叶基部褶缩少，叶边锯齿锐状，有齿尖腺体；叶柄较短，长度约1.0cm，粗度中等，略带红色，无毛，先端有一对盘状腺体。托叶卵形，绿色，有缺刻状锯齿，齿尖有圆头状腺体。伞房总状花序，下部苞片大多仅顶端3枚苞片腋内着花。总苞片褐色，长圆形倒卵状，先端无毛，边有腺体。花轴被疏柔毛。苞片近圆形，绿色，先端圆钝，边有盘状腺体。花梗无毛。萼筒钟状，外面有稀疏柔毛，萼片三角披针形，先端渐尖，边有头状腺体，与萼筒近等长或稍短。花白色，花冠蔷薇形。

3. 果实性状

果实圆球形，纵径1.1cm，横径1.0cm，侧径0.9cm，平均单果重1.0g以上，最大果重1.5g，果柄长1.8cm。果皮红色，果肉汁液较多，成熟度不一致，风味酸甜适中，品质中等。

4. 生物学特性

生长势、萌芽力和发枝力弱，开始结果年龄3年以上，盛果期年龄7～8年，短果枝占65%左右。坐果能力较弱，生理和采前落果少，大小年现象显著。3月上旬萌芽，3月上旬至中旬开花，5月中旬成熟采收，11月上中旬落叶。

📖 品种评价

品质中等，抗病，抗旱，耐瘠薄，适应性强。

生境

叶片

植株

主干

刘家沟樱桃 1号

Cerasus pseudocerasus (Lindl.) G. Don
'Liujiagouyingtao 1'

◎ 调查编号：CAOSYZDG005

所属树种：中国樱桃 *Cerasus pseudocerasus* (Lindl.) G. Don

提 供 人：赵弟广
电　　话：18503829177
住　　址：中国农业科学院郑州果树研究所

调 查 人：李好先、刘贝贝、秦英石
电　　话：13903834781
单　　位：中国农业科学院郑州果树研究所

调查地点：河南省郑州市二七区侯寨乡刘家沟村

地理数据：GPS 数据（海拔：210m，经度：E113°35'26"，纬度：N34°36'47"）

样本类型：枝条、种子、叶

生境信息

来源于当地。生境来源于坡地，属于砂壤土。土壤pH6.5～7.1。种植年限65年，现存1株。

植物学信息

1. 植株情况

属乔木，树势中等，为实生植株，树姿开张，树形为扇形，树高5m，冠幅东西5m、南北4m，最大干周80cm。主干黑褐色，树皮呈丝状裂，枝条较稀疏。

2. 植物学特征

1年生枝紫红色，有光泽；节间平均长3.8cm，较细；平均粗约0.86cm，皮目小、少、凸、近圆形。叶片较小，长11cm，宽7cm；叶片较薄，绿黄色，近叶基部褶缩少，叶边锯齿锐状，有齿尖腺体；叶柄较短，长度约1.0cm；粗度中等，略带红色，无毛或被疏柔毛，先端常有一对盘状腺体。托叶卵形，绿色，有缺刻状锯齿，齿尖有圆头状腺体。花序近伞房总状，下部苞片大多不孕。总苞片褐色，长卵圆形，先端无毛，边有腺体。花轴被疏柔毛。苞片近圆形、宽卵形至长卵形，绿色，先端圆钝，边有盘状腺体。花梗无毛。萼筒钟状，外有稀疏柔毛，萼片三角披针形，先端渐尖，边有头状腺体，与萼筒近等长或稍短。花纯白色，花冠蔷薇形。

3. 果实性状

果实圆球形，纵径1.1cm，横径1.0cm，侧径0.9cm，平均单果重1.0g以上，最大果重1.5g，果柄长1.8cm。果皮红色，较薄，果肉颜色较深，果肉汁液较多，风味较浓，成熟度不一致，风味甜，品质佳。

4. 生物学特性

生长势、萌芽力和发枝力弱，开始结果年龄3年以上，盛果期年龄7～20年，短果枝占60%以上。坐果能力弱，生理和采前落果少，大小年现象显著。3月上旬萌芽，3月下旬至4月上旬开花，5月中旬成熟采收，11月上中旬落叶。

品种评价

品质佳，抗病，抗旱，耐瘠薄，适应性强。

生境

叶片

枝条

植株

刘家沟樱桃 2号

Cerasus pseudocerasus (Lindl.) G. Don
'Liujiagouyingtao 2'

○ 调查编号： CAOSYZDG006

○ 所属树种： 中国樱桃 *Cerasus pseudocerasus* (Lindl.) G. Don

○ 提供人： 赵弟广
电话： 18503829177
住址： 中国农业科学院郑州果树研究所

○ 调查人： 李好先、刘贝贝、秦英石
电话： 13903834781
单位： 中国农业科学院郑州果树研究所

○ 调查地点： 河南省郑州市二七区侯寨乡刘家沟村

○ 地理数据： GPS数据（海拔：210m，经度：E113°35'42"，纬度：N34°36'21"）

○ 样本类型： 枝条、种子、叶

生境信息

来源于当地，生境来源为坡地，属于砂壤土。土壤pH6.5～7.1，砍伐是影响该树种存活的关键。种植年限100年，现存1株。

植物学信息

1. 植株情况

属落叶乔木，树势较弱，为实生植株，树姿开张，树形为扇形，树高5m，冠幅东西6m、南北5m，干高0.2m，最大干周60cm。主干黑褐色，树皮呈丝状裂，枝条较稀疏。

2. 植物学特征

1年生枝紫红色，有光泽；节间平均长3.4cm，较细；平均粗约0.9cm，皮目小、少、凸、近圆形。叶片较小，长11cm，宽5.5cm；叶片椭圆形，绿色，较薄；近叶基部褶缩少，叶边锯齿锐状，有齿尖腺体；叶柄较短，长度约1.0cm，粗度中等，略带红色，无毛，先端常有一对盘状腺体。托叶卵形，绿色，有缺刻状锯齿，齿尖有圆头状腺体。花序近伞房总状，下部苞片大多不孕。总苞片褐色，倒卵状长圆形，先端无毛，边有圆头状腺体。花轴被疏柔毛。苞片近圆形、宽卵形至长卵形，绿色，先端圆钝，边有盘状腺体。花梗无毛。萼筒钟状，外面有稀疏柔毛，萼片三角披针形，先端渐尖，边有头状腺体，与萼筒近等长或稍短。花纯白色，花冠蔷薇形。

3. 果实性状

果实圆球形，纵径1.0cm，横径1.1cm，侧径0.9cm，平均单果重0.9g以上，最大果重1.4g，果柄长1.8cm。果皮红色，较薄，果肉颜色较深，果肉汁液较多，风味较浓，成熟度不一致，风味甜，品质佳。

4. 生物学特性

生长势、萌芽力和发枝力弱，开始结果年龄3年以上，盛果期年龄7～8年，以短果枝结果为主。坐果能力弱，生理落果少，大小年现象显著。3月上旬萌芽，3月下旬至4月上旬开花，5月中旬成熟采收，11月上中旬落叶。

品种评价

品质佳，抗病，抗旱，耐瘠薄，适应性强。

植株

叶片

刘家沟樱桃3号

Cerasus pseudocerasus (Lindl.) G. Don
'Liujiagouyingtao 3'

调查编号：CAOSYZDG007

所属树种：中国樱桃 *Cerasus pseudocerasus* (Lindl.) G. Don

提 供 人：赵弟广
电　　话：18503829177
住　　址：中国农业科学院郑州果树研究所

调 查 人：李好先、刘贝贝、秦英石
电　　话：13903834781
单　　位：中国农业科学院郑州果树研究所

调查地点：河南省郑州市二七区侯寨乡刘家沟村

地理数据：GPS 数据（海拔：210 m，经度：E113°35'36"，纬度：N34°36'41"）

样本类型：枝条、茎、叶

生境信息

来源于当地，生境来源为坡地，属于砂壤土。土壤pH6.5～7.1，放牧是影响该树种存活的关键。种植年限100年，现存1株。

植物学信息

1. 植株情况

属落叶乔木，树势中等，为实生植株，树姿开张，树形为扇形，树高5m，冠幅东西8m、南北12m，干高0.8m，最大干周130cm。主干黑褐色，树皮呈丝状裂，枝条较稀疏。

2. 植物学特征

1年生枝紫红色，有光泽；节间平均长3.8cm，较细；平均粗约0.8cm，皮目小、少、凸、近圆形。小枝灰绿色，被稀疏柔毛。冬芽长卵形，无毛。叶片较小，长12cm，宽6cm；叶片椭圆形，绿色，较薄；近叶基部褶缩少，叶边锯齿锐状；有齿尖腺体，叶柄较短，长度约1.0cm，粗度中等，略带红色，无毛，先端有一对盘状腺体。托叶卵形，绿色，有缺刻状锯齿，齿尖叶柄无毛，先端常有一对盘状腺体。托叶卵形，绿色，有缺刻状锯齿，齿尖有腺体。花序近伞房总状，下部苞片多不孕。总苞片褐色，倒卵状长圆形，先端无毛，边有圆头状腺体。花轴被疏柔毛，苞片长卵形，绿色，先端圆钝，边有盘状腺体。花梗无毛。萼筒钟状，外面有稀疏柔毛，萼片三角披针形，先端渐尖。花纯白色，花冠蔷薇形。

3. 果实性状

果实圆球形，纵径1.3cm，横径1.2cm，侧径1.1cm，平均单果重1.4g以上，最大果重1.6g，果柄长1.9cm。果皮红色，较薄，果肉颜色较深，果肉汁液较多，风味较浓，成熟度不一致，风味甜，品质佳。

4. 生物学特性

生长势、萌芽力和发枝力弱，开始结果年龄3年以上，盛果期年龄7～8年，短果枝占60%以上。坐果能力弱，采前有轻微生理落果，大小年现象显著。3月上旬萌芽，3月上旬至中旬开花，5月中旬成熟采收，11月上中旬落叶。

品种评价

品质佳，抗病，抗旱，耐瘠薄，适应性强。

植株

叶片

上李河村樱桃

Cerasus pseudocerasus (Lindl.) G. Don
'Shanglihecunyingtao'

◎ 调查编号：CAOSYZDG008

⊟ 所属树种：中国樱桃 *Cerasus pseu-docerasus* (Lindl.) G. Don

▤ 提 供 人：赵弟广
　 电　　话：18503829177
　 住　　址：中国农业科学院郑州果树研究所

▦ 调 查 人：李好先、刘贝贝、秦英石
　 电　　话：13903834781
　 单　　位：中国农业科学院郑州果树研究所

◎ 调查地点：河南省郑州市二七区侯寨乡上李河村

⊕ 地理数据：GPS数据（海拔：220 m，经度：E113°35'28"，纬度：N34°37'32"）

▣ 样本类型：枝条、茎、叶

🔋 生境信息

来源于当地，最大树龄40年。生境来源于庭院平地，属于砂壤土。土壤pH6.5～7.1，伴生标志性树种为柿树和桐树。修路是影响该树种存活的关键。现存1株。

📇 植物学信息

1. 植株情况

属乔木，树势中等，为实生植株，树姿开张，树形为扇形，树高6m，冠幅东西10m、南北8m，干高0.3m，最大干周14cm。主干黑褐色，树皮呈丝状裂，枝条较稀疏。

2. 植物学特征

1年生枝紫红色，有光泽；节间平均长3.8cm，较细；平均粗约0.9cm，皮目小、少、凸、近圆形。小枝灰绿色，被稀疏柔毛。冬芽长卵形，无毛。叶片倒卵状椭圆形，骤尖，宽楔形，边有重锯齿，齿端有锥状腺体，上面绿色，或中脉被疏柔毛，下面淡绿色，无毛或被疏柔毛。叶长13cm，宽7cm；叶片椭圆形，绿色，较薄；近叶基部褶缩少，叶边锯齿锐状，有齿尖腺体；叶柄较短，长约1.0cm，粗度中等，略带红色。萼筒钟状，外面有稀疏柔毛，萼片三角披针形，先端渐尖，边有头状腺体，与萼筒近等长或稍短。花白色，花冠蔷薇形。

3. 果实性状

果实圆球形，纵径1.1cm，横径1.0cm，侧径0.9cm，平均单果重1.0g以上，最大果重1.5g，果柄长1.8cm。果皮红色，较薄，果肉颜色较深，果肉汁液较多，风味较浓，成熟度不一致，风味甜，品质佳。

4. 生物学特性

生长势、萌芽力和发枝力较强，开始结果年龄2年以上，盛果期年龄7～8年，短果枝占63%以上。坐果能力弱，采前有轻微生理落果，大小年现象显著。3月上旬萌芽，3月下旬至4月上旬开花，5月中旬成熟采收，11月上中旬落叶。

📖 品种评价

品质佳，抗病，抗旱，耐瘠薄，适应性强。

果实

枝叶

树干

生境

石匠庄樱桃 1号

Cerasus pseudocerasus (Lindl.) G. Don
'Shijiangzhuangyingtao 1'

调查编号： CAOSYZDG009

所属树种： 中国樱桃 *Cerasus pseudocerasus* (Lindl.) G. Don

提 供 人： 赵弟广
电　　话： 18503829177
住　　址： 中国农业科学院郑州果树研究所

调 查 人： 李好先、刘贝贝、秦英石
电　　话： 13903834781
单　　位： 中国农业科学院郑州果树研究所

调查地点： 河南省郑州市二七区侯寨乡石匠庄村

地理数据： GPS数据（海拔：200m，经度：E113°35'17"，纬度：N34°36'32"）

样本类型： 枝条、茎、叶

生境信息

来源于当地，最大树龄40年。生境来源于庭院平地，属于砂壤土。土壤pH6.5～7.1，伴生标志性树种为桐树。砍伐是影响该树种存活的关键。现存1株。

植物学信息

1. 植株情况

属乔木，树势中等，为实生植株，树姿开张，树形为无定形，树高6m，冠幅东西5m、南北5m，无主干，多主枝丛状分布，最大干周20cm。主干黑褐色，树皮呈丝状裂，枝条较稀疏。

2. 植物学特征

1年生枝紫红色，有光泽；节间平均长3.8cm，较细；平均粗约0.9cm，皮目小、少、凸、近圆形。叶片较小，长12cm，宽7cm；叶片椭圆形，绿色，较薄；近叶基部褶缩少，叶边锯齿锐状，有齿尖腺体；叶柄较短，长约1.0cm，粗度中等，略带红色，无毛或被疏柔毛，先端常有一对盘状腺体。托叶卵形，绿色，有缺刻状锯齿，齿尖有圆头状腺体。花序近伞房总状，萼筒钟状，外面有稀疏柔毛，萼片三角披针形，先端渐尖，边有头状腺体，与萼筒近等长或稍短。花纯白色略带粉红色，花冠蔷薇形，花瓣薄。

3. 果实性状

果实圆球形，纵径1.0cm，横径1.2cm，侧径0.9cm，平均单果重1.4g以上，最大果重1.8g，果柄长1.7cm。果皮红色，较薄，果肉颜色较深，果肉汁液较多，风味较浓，成熟度不一致，风味甜，品质佳。

4. 生物学特性

生长势、萌芽力和发枝力较强，开始结果年龄2年以上，盛果期年龄7～8年，短果枝占75%以上。坐果能力较强，采前生理落果少，大小年现象不显著。3月上旬萌芽，3月下旬至4月上旬开花，5月中旬成熟采收，11月上中旬落叶。

品种评价

品质佳，抗病较差，抗旱，耐瘠薄，适应性强。

生境

树干

植株

枝叶

石匠庄樱桃 2号

Cerasus pseudocerasus (Lindl.) G. Don
'Shijiangzhuangyingtao 2'

调查编号：CAOSYZDG010

所属树种：中国樱桃 *Cerasus pseudocerasus* (Lindl.) G. Don

提供人：赵弟广
电　话：18503829177
住　址：中国农业科学院郑州果树研究所

调查人：李好先、刘贝贝、秦英石
电　话：13903834781
单　位：中国农业科学院郑州果树研究所

调查地点：河南省郑州市二七区侯寨乡石匠庄村

地理数据：GPS数据（海拔：200m，经度：E113°35'07"，纬度：N34°36'41"）

样本类型：枝条、茎、叶

生境信息

来源于当地。生境来源于庭院平地，属于砂壤土。土壤pH6.5～7.1，伴生标志性树种为杨树。砍伐是影响该树种存活的关键。种植年限25年，现存1株。

植物学信息

1. 植株情况

属乔木，树势中等，为实生植株，树姿开张，树形为无定形，树高6m，冠幅东西7m、南北8m，干高30cm，最大干周90cm。主干黑褐色，树皮呈丝状裂，枝条较稀疏。

2. 植物学特征

1年生枝紫红色，有光泽；节间平均长4.0cm，粗度中等；平均粗约0.78cm，皮目小、少、凸、近圆形。冬芽长卵形，无毛。叶片较小，长12cm，宽5cm；叶片椭圆形，绿色，较薄；近叶基部褶缩少，叶边锯齿锐状，有齿尖腺体；叶柄较短，长约1.0cm，粗度中等，略带红色，无毛或被疏柔毛，先端常有一对盘状腺体。托叶卵形，绿色，有缺刻状锯齿，齿尖有圆头状腺体。花序近伞房总状，萼筒钟状，外面有稀疏柔毛，萼片三角披针形，先端渐尖，边有头状腺体，与萼筒近等长或稍短。花纯白色略带粉红色，花冠蔷薇形，花瓣薄。

3. 果实性状

果实圆球形，纵径1.4cm，横径1.3cm，侧径1.2cm，平均单果重1.6g以上，最大果重2.4g，果柄长2.0cm。果皮红色，较薄，果肉颜色较深，果肉汁液较多，风味较浓，成熟度不一致，风味甜，品质佳。

4. 生物学特性

生长势、萌芽力和发枝力较强，开始结果年龄2年以上，盛果期年龄5～6年，短果枝占62%以上。坐果能力弱，采前生理落果较严重，大小年现象显著。3月上旬萌芽，3月上旬至中旬开花，5月中旬成熟采收，11月上中旬落叶。

品种评价

品质佳，抗病较强，抗旱，耐瘠薄，适应性强。

生境

树干

枝叶

植株

邢家古寨
小樱桃

Cerasus pseudocerasus (Lindl.) G. Don
'Xingjiaguzhaixiaoyingtao'

⦿ 调查编号：CAOSYZDG0011

所属树种：中国樱桃 *Cerasus pseu-docerasus* (Lindl.) G. Don

提 供 人：赵弟广
电　　话：18503829177
住　　址：中国农业科学院郑州果树研究所

调 查 人：李好先、刘贝贝、秦英石
电　　话：13903834781
单　　位：中国农业科学院郑州果树研究所

调查地点：河南省郑州市二七区侯寨乡邢家古寨村

地理数据：GPS数据（海拔：200m，经度：E113°35′31″，纬度：N34°36′46″）

样本类型：枝条、茎、叶

生境信息

来源于当地，生境来源于人工林，属于砂壤土。土壤pH6.5～7.1。砍伐是影响该树种存活的关键。种植年限25年，现存1株。

植物学信息

1. 植株情况

属乔木，树势中等，为实生植株，树姿开张，树形为无定形，树高6m，冠幅东西8m、南北7m，干高60cm，最大干周80cm。主干暗褐色，树皮呈丝状裂，枝条较稀疏。

2. 植物学特征

1年生枝紫红色，有光泽；节间平均长3.7cm，较细；平均粗约1.1cm，皮目小、少、凸、近圆形。叶片较小，长10cm，宽5cm；叶片椭圆形，绿色，较薄；近叶基部褶缩少，叶边锯齿锐状，有齿尖腺体；叶柄较短，长约1.0cm，粗度中等，略带红色，无毛或被疏柔毛，先端常有一对盘状腺体。托叶卵形，绿色，有缺刻状锯齿，齿尖有圆头状腺体。花序近伞房总状，萼筒钟状，外面有稀疏柔毛，萼片三角披针形，先端渐尖，边有头状腺体，与萼筒近等长或稍短。花纯白色略带粉红色，花冠蔷薇形，花瓣薄。

3. 果实性状

果实圆球形，纵径1.4cm，横径1.2cm，侧径1.3cm，平均单果重1.6g以上，最大果重2.5g，果柄长1.6cm。果皮红色，较薄，果肉颜色较深，果肉汁液较多，风味较浓，成熟度不一致，风味甜，品质佳。

4. 生物学特性

生长势、萌芽力和发枝力较强，开始结果年龄2年以上，盛果期年龄7～8年，短果枝占76%以上。坐果能力强，无采前生理落果，大小年现象不显著。3月上旬萌芽，3月上旬至中旬开花，5月中旬成熟采收，11月上中旬落叶。

品种评价

易丰产，品质佳，抗病较强，抗旱，耐瘠薄，适应性强。

生境

叶片

植株

枝条

参考文献

艾呈祥, 辛力, 余贤美, 等. 2007. 樱桃主栽品种的遗传多样性分析[J]. 园艺学报, 34(4): 871-876.

包九零, 乔光, 刘沛宇, 等. 2016. 不同品种大樱桃果实品质的评价[J]. 华中农业大学学报, 35(3): 12-16.

蔡宇良. 2006. 野生樱桃种质资源的遗传分析及其栽培品种的DNA指纹鉴定[D]. 西安：西北大学.

蔡宇良, 李珊, 陈怡平, 等. 2005. 不同甜樱桃品种果实主要内含物测试与分析[J]. 西北植物学报, 25(2): 304-310.

陈波, 马海林, 刘方春, 等. 2013. 生物有机肥对樱桃生长及根际土壤生物学特征的影响[J]. 水土保持学报, 27(2): 267-271.

陈强, 郭修武, 胡艳丽, 等. 2008a. 淹水对甜樱桃根系呼吸和糖酵解末端产物的影响[J]. 园艺学报, 35(2): 169-174.

陈强, 郭修武, 胡艳丽, 等. 2008b. 淹水对甜樱桃根系呼吸强度和呼吸酶活性的影响[J]. 应用生态学报, 19(7): 1462- 1466.

陈嘉, 冯志宏, 赵迎丽, 等. 2013. 不同SO₂保鲜剂对先锋甜樱桃采后保鲜效果的研究[J]. 保鲜与加工, 13(3): 17-19.

陈镠, 石玉刚, 王允祥, 等. 2017a. 1-甲基环丙烯处理与气调贮藏应用于樱桃贮藏保鲜的研究进展[J]. 食品与发酵工业, 43(5): 285-294.

陈镠, 余婷, 王允祥, 等. 2017b. 壳聚糖-纳米氧化锌复合涂膜对甜樱桃采后生理和贮藏品质的影响[J]. 核农学报, 31(9): 1767-1774.

陈涛. 2012. 中国樱桃及其野生群体遗传结构的分子谱系地理研究[D]. 雅安：四川农业大学.

陈涛, 李良, 张静, 等. 2016. 中国樱桃种质资源的考察、收集和评价[J]. 果树学报, 33(8): 917-933.

陈新, 张庆霞, 徐丽, 等. 2014. 12 份樱桃品种遗传多样性的ISSR分析[J]. 山东农业科学, 46(11):12-14.

陈仲刚. 2014. 甜樱桃S基因型鉴定及品种遗传关系SSR分析[D]. 雅安：四川农业大学.

崔建潮, 王文辉, 贾晓辉, 等. 2017a. 从国内外甜樱桃生产现状看国内甜樱桃产业存在的问题及发展对策[J]. 果树学报, 34(5): 620-631.

崔建潮, 王文辉, 贾晓辉, 等. 2017b. 不同预冷方式对货架期甜樱桃果实品质的影响[J]. 中国果树, (1): 17-20, 29.

崔天舒. 2014. 甜樱桃果实风味品质及花色苷组分的研究[D]. 泰安：山东农业大学.

董维. 2003. UV-C 对甜樱桃采后腐烂的控制[D]. 北京：中国农业大学.

杜小琴. 2016. 植物精油对甜樱桃采后病原真菌的抑制作用及其贮藏效果研究[D]. 雅安：四川农业大学.

杜小琴, 李玉, 秦文, 等. 2015. 气调贮藏对甜樱桃果实采后生理生化变化的影响[J]. 食品工业科技, 36(12): 314- 318.

高天翔, 蔡宇良, 冯瑛, 等. 2016. 中国樱桃14个自然居群遗传多样性和遗传结构的SSR评价[J]. 园艺学报, 43 (6):1148- 1156.

冯立国, 生利霞, 束怀瑞. 2010. 低氧胁迫下外源硝态氮对樱桃根系功能及氮代谢相关酶活性的影响[J]. 应用生态学报, 21(12): 3282-3286.

付全娟, 魏国芹, 孙杨, 等. 2016. 春季低温对甜樱桃柱头可授性和子房冻害的影响[J]. 中国果树, (3): 7-10.

付全娟, 魏国芹, 杨兴华, 等. 2017. 甜樱桃花芽与枝条冻害调查分析[J]. 北方园艺, (1): 36-39.

高佳, 王宝刚, 冯晓元, 等. 2011. 甜樱桃和酸樱桃品种果实性状的综合评价[J]. 北方园艺, (17): 17-21.

高天翔. 2016. 野生中国樱桃遗传多样性与居群遗传结构的研究[D]. 咸阳：西北农林科技大学.

龚荣高, 杨伟, 梁国鲁, 等. 2014. 甜樱桃植株不同冠层部位光合特性及果实品质的研究[J]. 西北植物学报, 34(3): 581-586.

郭学民, 李娜, 刘建珍, 等. 2017. 毛樱桃嫁接'美早'甜樱桃小脚现象的导管分子特性研究[J]. 果树学报, 34(3): 321-328.

何文. 2014. 基于ITS序列的栽培中国樱桃遗传多样性及其群体遗传结构分析[D]. 雅安：四川农业大学.

洪静华, 侯玉婷, 吴效刚, 等. 2015. 大樱桃采后病害、生理及保鲜技术研究进展[J]. 北方园艺. (23):194-198.

洪莉. 2013. 中国樱桃新品种引进及其避雨栽培技术研究[D]. 杭州：浙江农林大学.

侯尚谦, 李二梅. 1987. 河南樱桃资源调查研究初报[J]. 河南科技, (12):21-23.

黄晓姣. 2013a. 基于SSR标记的中国樱桃栽培资源的遗传多样性及群体遗传结构研究[D]. 雅安：四川农业大学.

黄晓姣, 王小蓉, 陈涛, 等. 2013b. 中国樱桃遗传多样性研究进展[J]. 果树学报, 30(3): 470-479.

黄贞光, 刘聪利, 李明, 等. 2014. 近20年国内外甜樱桃产业发展动态及对未来的预测[J]. 果树学报, 31(增刊): 1-6.

姬孝忠, 赵密蓉. 2016. 不同果袋对果实性状的影响[J]. 林业科技通讯, (2): 69-71.

贾海慧, 张小燕, 陈学森, 等. 2007. 甜樱桃和中国樱桃果实性状的比较[J]. 山东农业大学学报(自然科学版), 38(2): 193-195.

姜爱丽, 何煜波, 兰鑫哲, 等. 2011. 动态气调贮藏对甜樱桃果实采后生理、品种和耐藏性的影响[J]. 食品工业科技, 32(6): 354-357.

姜爱丽, 胡文忠, 李慧, 等. 2009. 纳他霉素处理对采后甜樱桃生理代谢及品质的影响[J]. 农业工程学报, 25(12): 351-356.

姜爱丽, 田世平, 徐勇, 等. 2002. 不同气体成分对甜樱桃果实采后生理及品质的影响[J]. 中国农业科学, 35(1): 79-84.

姜建福. 2009. 甜樱桃花芽分化及温度对其影响的研究[D]. 北京：中国农业科学院.

金方伦, 岳宣, 黎明, 等. 2016. 樱桃不同结果母枝直径与其果实品质变化的相关性[J]. 北方园艺, (4): 12-19.

静玮, 屠康, 邵兴锋, 等. 2008. 热水喷淋处理结合拮抗酵母菌对樱桃果实采后腐烂及品质的影响[J]. 果树学报, 25(3): 367-372.

兰士波. 2012. 欧洲甜樱桃研究进展及开发利用前景[J]. 中国林副特产, (2): 89-94.

兰鑫哲, 姜爱丽, 胡文忠. 2011. 甜樱桃采后生理及贮藏保鲜技术研究进展[J]. 食品工业科技, 32(11): 535-538.

李晨, 姜子涛, 李荣. 2013. 高效液相色谱-串联质谱联用技术鉴定樱桃叶中的黄酮成分[J]. 食品科学, 34(16): 226-230.

李夫庆, 张子德, 李素玲, 等. 2009. 赤霉素(GA₃)处理对甜樱桃果实品质和采后生理的影响[J]. 食品工业科技, 30(10): 301-304.

李建国, 黄旭明, 黄辉白. 2003. 裂果易发性不同的荔枝品种果皮中细胞壁代谢酶活性的比较[J]. 植物生理与分子生物学报, 29(2): 141-146.

李锦利. 2015. 壳聚糖与1-MCP处理对大樱桃贮期品质的影响[J]. 食品工业, 36(4): 70-74.

李金强, 吴亚维, 袁启凤. 2009. 贵州樱桃种质资源调查初报[J]. 贵州农业科学, 37(3): 126-128.

李霞. 2004. 呼吸代谢对甜樱桃自然休眠的调控及破眠技术研究[D]. 泰安：山东农业大学.

李秀珍, 李学强. 2013. 不同温度条件下日光温室甜樱桃性器官发育与受精的差异[J]. 中国农业大学学报, 18(2): 64-70.

李燕, 李玲, 陈修德, 等. 2011a. 高温对设施甜樱桃花药发育和花粉粒形成的影响[J]. 园艺学报, 38(6): 1029-1036.

李燕, 李玲, 李少旋, 等. 2011b. 高温对设施甜樱桃花器官发育的影响[J]. 中国农业科学, 44(10): 2101-2108.

李延菊, 孙庆田, 张序, 等. 2014. 避雨栽培对大樱桃园生态因子及生理特性的影响[J]. 果树学报, 31(增刊): 90-97.

梁发辉, 王芳, 杨静慧, 等. 2015. 盐胁迫下2种樱桃砧木的生理变化[J]. 江苏农业科学, 43(8): 171-173.

刘聪利, 赵改荣, 李明, 等. 2014. 基于系统聚类的河南省甜樱桃栽培气候区划研究[J]. 果树学报, 31(增刊): 175-179.

刘聪利, 赵改荣, 李明, 等. 2017. 66个甜樱桃品种需冷量的评价与聚类分析[J]. 果树学报, 34(4): 464-472.

刘保友, 张伟, 栾炳辉, 等. 2012. 大樱桃褐斑病病原菌鉴定与田间流行动态研究[J]. 果树学报, 29(4): 634-637.

刘法英, 李金忠, 张久山, 等. 2011. 品种和生态因子对甜樱桃果实品质的影响[J]. 北方园艺, (3): 12-15.

刘方春, 邢尚军, 马海林, 等. 2012. PGPR生物肥对甜樱桃 (*Cerasus pseudocerasus*) 根际土壤生物学特征的影响[J]. 应用与环境生物学报, 18(5): 722-727.

刘方春, 邢尚军, 马海林, 等. 2014. 持续干旱对樱桃根际土壤细菌数量及结构多样性影响[J]. 生态学报, 34(3): 642- 649.

刘华堂, 魏学仁, 刘贵信. 1992. 潍坊市中国樱桃品种资源调查研究[J]. 山东林业科技, 1: 56-61.

刘红霞, 郑玮, 李俞涛, 等. 2014. 东北三省及内蒙古自治区甜樱桃栽培区划调查研究[J]. 果树学报, 31(增刊): 191-196.

刘婧. 2011. 设施栽培对甜樱桃花芽形态分化和生理特性的影响[D]. 泰安 : 山东农业大学.

刘婧, 孙培琪, 史作安, 等. 2011. 甜樱桃花芽形态分化敏感期的研究[J]. 华北农学报, 26 (增刊): 287-289.

刘坤, 赵岩, 于克辉, 等. 2011. 温室甜樱桃采后叶片矿质营养含量变化[J]. 北方园艺, (7): 57-58.

刘胤. 2016. 中国樱桃地方种质表型性状遗传多样性分析[D]. 雅安 : 四川农业大学.

刘振岩, 李震三. 2000. 山东果树[M]. 上海 : 上海科学技术出版社.

刘珠琴, 方振, 赵秀花, 等. 2017. 中国樱桃不同品种花粉量及花粉萌发特性[J]. 浙江农业科学. 58(02):216-217,232.

刘尊英, 董士远, 曾名勇, 等. 2006. 1-MCP 对甜樱桃采后腐烂与食用品质的影响[J]. 食品科技, (1): 117-119.

路娟. 2010. 利用DNA分子标记研究梨、樱桃种质资源遗传多样性[D]. 南京 : 南京农业大学.

罗桂环. 2013. 中国杏和樱桃的栽培史略[J]. 古今农业, (2): 38-46.

马聪, 姜爱丽, 胡文忠, 等. 2012. 草酸处理对甜樱桃果实采后生理及品质的影响[J]. 现代园艺, (17): 6-8.

马建军, 边卫东, 于凤鸣, 等. 2006a. 日光温室甜樱桃叶片中矿质营养元素含量的动态变化[J]. 河北科技师范学院学报, 20(1): 13-16.

马建军, 边卫东, 于凤鸣, 等. 2006b. 日光温室甜樱桃果实中矿质营养元素含量的生长季变化[J]. 河北农业大学学报, 29(3): 13-16.

马建军, 于凤鸣, 张立彬, 等. 2005. 野生毛樱桃生长期矿质营养含量变化与果实生长的关系[J]. 河北科技师范学院学报, 19(2): 14-17, 57.

孟聪睿. 2013. 干旱高温胁迫对樱桃的生理影响[D]. 晋中 : 山西农业大学.

孟祥丽, 徐坚, 陈文荣, 等. 2011. 4种砧木樱桃的抗旱生理特性及抗旱性评价[J]. 浙江农业学报, 23(3): 533-537.

欧茂华. 2012. 贵州樱桃属植物种质资源及其利用评价[J]. 中国果树, (6):21-23.

钱东南, 钭凌娟, 周秦. 2013. 中国樱桃品种短柄樱桃避雨栽培防裂果试验[J]. 中国果树, (3): 43-44.

秦玲, 蔡爱军, 张志雯. 2010. 两种甜樱桃果实挥发性成分的HS-SPME-GC/MS分析[J]. 质谱学报, 31(4): 228-234, 251.

山东省果树研究所. 1996. 山东果树志[M]. 济南 : 山东科学技术出版社.

沈欣杰. 2014. ABA介导的PacMYBA调控红肉甜樱桃果实花色苷合成的研究[D].北京 : 中国农业大学.

施海燕, 呼丽萍, 侯亚茹. 2014. 不同药剂组合对'红灯'大樱桃花器官抗寒性的影响[J]. 果树学报, 31(1): 91-95.

史洪琴, 邹陈, 陈荣华. 2010. 不同樱桃品种果实性状的比较研究[J]. 北方园艺, (11): 24-27.

施俊凤, 薛梦林, 王春生, 等. 2009. 甜樱桃采后生理特性与保鲜技术的研究现状与进展[J]. 保鲜与加工, (6): 7-10.

孙丹, 陈为凯, 何非, 等. 2017. HPLC-MS/MS测定甜樱桃花色苷与非花色苷酚的组成与含量[J]. 食品科学, 38(4): 181-186.

孙俊宝, 张未仲, 李全, 等. 2017. 中国大樱桃主要病虫害研究进展[J]. 中国农学通报, 33(9): 69-73.

孙旭科, 余柯达, 傅丽娜, 等. 2012. 干旱胁迫对4种砧木樱桃嫁接苗光合生理的影响[J]. 浙江大学学报 (农业与生命科学版), 38(5): 585-592.

孙玉刚. 1998. 大樱桃栽培技术[M]. 济南: 山东科学技术出版社.

孙玉刚. 2004. 甜樱桃种质资源评价与高效种植技术调查研究[D]. 泰安 : 山东农业大学.

王宝刚, 李文生, 侯玉茹, 等. 2017. 甜樱桃果实成熟过程中糖积累与品质形成研究[J]. 果树学报, 34(5): 576-583.

王白坡, 管远定, 张生勇, 等. 1990. 浙江省樱桃资源及其繁殖方法的研究[J]. 浙江农业科学. (02):96-99.

王彩虹, 田义轲, 赵静, 等. 2005. 樱桃品种资源间遗传差异的RAPD分析[J]. 西北植物学报, 25(12): 2431-2435.

王闯, 郭修武, 胡艳丽, 等. 2008. 淹水对甜樱桃根系呼吸强度和呼吸酶活性的影响[J]. 植物营养与肥料学报, 14(1): 167-172.

王闯, 胡艳丽, 高相彬, 等. 2009. 硝态氮对淹水条件下甜樱桃根系呼吸速率及相关酶活性的影响[J]. 植物营养与肥料学报, 15(6): 1433-1438.

王丹, 辛力, 张倩, 等. 2016. 采后钙处理对甜樱桃货架期品质的影响[J]. 山东农业科学, 48(7): 72-75.

王昊翔, 赵德英, 马怀宇, 等. 2009. 甜樱桃花芽分化过程中叶片氮代谢初步研究[J]. 华北农学报, 24(增刊): 201-204.

王华, 李茂福, 杨媛, 等. 2015. 果实花青素生物合成分子机制研究进展[J]. 植物生理学报, 51 (1): 29-43.

王家喜, 王江勇, 高华君, 等. 2009. 两种砧木对布鲁克斯大樱桃果实芳香成分的影响[J]. 中国农学通报, 25(10): 187-190.

王磊, 张才喜, 许文平, 等. 2016. 单氰胺对甜樱桃休眠解除及开花过程树体碳氮营养的影响[J]. 果树学报, 33(6): 709-718.

王其仓, 宋立国, 傅常良, 等. 1991. 莱阳市的中国樱桃[J]. 落叶果树, 3: 37.

王姝. 2015. 樱桃籽仁的营养成分分析[D]. 大连 : 大连工业大学.

王秀梅, 张云, 秦景逸, 等. 2017. 不同增温处理对伊犁甜樱桃露地栽培越冬能力的影响[J]. 北方园艺, (6): 35-39.

王阳, 王志华, 王文辉, 等. 2016. 1-MCP结合ClO_2处理对樱桃果实采后生理和品质的影响[J]. 保鲜与加工. 16(02):27-31.

汪祖华, 周建涛. 1989. 樱桃品种的花粉形态观察[J]. 落叶果树, (1): 1-3.

魏国芹, 李芳东, 孙玉刚, 等. 2014a. 甜樱桃20个品种花粉粒形态扫描电镜观察[J]. 果树学报, 31(增刊): 41-47.

魏国芹, 孙玉刚, 秦志华, 等. 2011. 甜樱桃裂果机理及防治技术研究进展[J]. 山东农业科学, (7): 59-63.

魏国芹, 孙玉刚, 孙杨, 等. 2014b. 甜樱桃果实发育过程中糖酸含量的变化[J]. 果树学报, 31(增刊): 103-109.

魏海蓉. 2015. 甜樱桃果实花青苷形成的生理生化与转录组分析[D]. 泰安 : 山东农业大学.

魏海蓉, 高东升, 李宪利, 等. 2005. 植物生长调节剂对甜樱桃休眠的调控及花芽酚类物质含量的影响[J]. 园艺学报, 32(4): 584-588.

魏海蓉, 高东升, 李宪利, 等. 2006. 剥鳞和化学药剂处理对甜樱桃花芽休眠及酚类物质的影响[J]. 园艺学报, 33(4): 817-820.

魏海蓉, 韩红霞, 刘庆忠, 等. 2007. 温度对甜樱桃花芽酚类物质含量和相关酶活性及休眠的影响[J]. 果树学报, 24(1): 38-42.

魏海蓉, 谭钺, 宗晓娟, 等. 2017. 不同色泽甜樱桃果实花色苷积累与其相关酶活性之间的关系[J]. 植物生理学报, 53(3): 429-436.

武春霞, 陈兴华, 杨静慧, 等. 2014. 盐胁迫下两种樱桃叶片解剖结构变化研究[J]. 中国南方果树, 43(5): 89-91.

徐慧洁, 杨静慧, 刘艳军, 等. 2014. 盐胁迫对野生樱桃幼苗生长的影响及其耐盐性分析[J]. 中国南方果树, 43(3): 39-42.

徐凌, 郝义, 郝树池, 等. 2009. 采前钙和钾处理对红灯樱桃果实采后生理的影响[J]. 果树学报, 26(4): 568-571.

谢超, 唐会周, 谭谊谈, 等. 2011. 采收成熟度对樱桃果实香气成分及品质的影响[J]. 食品科学, 32(10): 295-299.

谢玉明, 易干军, 张秋明. 2003. 钙在果树生理代谢中的作用[J]. 果树学报, 20(5) : 369-373.

熊伟, 寇琳羚, 向波, 等. 2014. 糖醋液与不同颜色黏虫板组合诱杀樱桃果蝇效果试验[J]. 中国南方果树, 43(1): 67- 69, 73.

徐丽, 陈新, 宗晓娟, 等. 2017. 甜樱桃砧木PcDHN1的克隆及其对非生物胁迫的响应[J]. 核农学报, 31(1): 14-20.

闫国华, 张开春, 周宇, 等. 2008. 樱桃保健功能研究进展[J]. 食品工业科技, (2): 313-316.

杨娟侠, 王晓芳, 孙家正, 等. 2012. 1-MCP和ClO_2对甜樱桃布鲁克斯的防腐保鲜效果[J]. 南方农业学报, 43(11): 1745-1748.

杨涛, 梁东, 关雎, 等. 2017. 甜樱桃UV-B光受体基因UVR8的克隆及其表达分析[J]. 基因组学与应用生物学.

36(04):1563-1569.

阳姝婷. 2016. 干旱胁迫对甜樱桃生理及果实品质的影响[D]. 雅安 : 四川农业大学.

张琛, 沈国正, 郗笃隽, 等. 2017. 温度对南方地区甜樱桃开花结实影响的研究进展[J]. 中国果树, (1): 66-70.

张阁, 朱国英, 刘成连, 等. 2008. 甜樱桃果实果肉Ca^{2+}质量浓度变化规律及其与裂果的关系[J]. 果树学报, 25(5): 646-649.

张静. 2016. 基于自身基因组 SSR 标记的中国樱桃遗传多样性及群体遗传分析[D]. 雅安 : 四川农业大学.

张力思. 2000. 甜樱桃的起源、分布及栽培现状[J]. 北方果树, (4): 31.

张立新, 陈嘉, 冯志宏, 等. 2016. 樱桃保鲜纸和高效乙烯去除剂对甜樱桃低温贮藏品质和褐变控制的影响[J]. 食品科学, 37(6): 226-230.

张明. 2014. 温室甜樱桃品种优选和高效栽培技术研究[D]. 泰安 : 山东农业大学.

张琪静, 谷大军. 2014. 甜樱桃果实裂果机理研究进展[J]. 果树学报, 31(4): 704-709.

张琪静, 张新忠, 代红艳, 等. 2008. 甜樱桃品种 SSR 指纹检索系统的开发及遗传多样性分析[J]. 园艺学报, 35(3): 329-336.

章敏, 金方伦. 2017. 樱桃结果母枝长度与其开花习性的相关性[J]. 天津农业科学, 23(6): 68-72, 82.

张倩, 辛力, 亓雪龙, 等. 2015. 肉桂精油对甜樱桃果实品质和货架期的影响[J]. 核农学报, 29(9):1737-1742.

张序, 李延菊, 孙庆田, 等. 2014. 不同品种甜樱桃果实芳香成分的 GC-MS 分析[J]. 果树学报, 31(增刊): 134-138.

赵长竹, 姜建福, 张慧琴, 等. 2011. 三地区甜樱桃花芽分化与温度的关系[J]. 果树学报, 28(6): 1005-1011.

赵林, 杨峰, 樊继德, 等. 2012. 不同甜樱桃品种果实性状差异性比较[J]. 南方农业学报, 43(2): 209-212.

赵腮宝. 2013. 亚热带地区樱桃种质资源收集与评价[D]. 金华 : 浙江师范大学.

朱婷婷, 梁东, 夏惠, 等. 2017. 甜樱桃 PacMYBA 基因的克隆及在果实生长期的表达[J]. 基因组学与应用生物学, 36(1): 382-387.

宗宇, 王月, 朱友银, 等. 2016. 基于中国樱桃转录组的 SSR 分子标记开发与鉴定[J]. 园艺学报, 43(8): 1566-1576.

Beppu K, Ikeda T, Kataoka I. 2001. Effect of high temperature exposure time during flower bud formationon the occurrence of double pistils in 'Satonishiki' sweet cherry[J]. Scientia Horticulturae, 87: 77-84.

Cao J, Jiang Q, Lin J, et al. 2015. Physiochemical characterization of four cherry species (Prunus spp.) grown in China[J]. Food Chemistry, 173: 855-863.

Demirsoy L, Demirsoy H. 2004. The epidermal characteristics of fruit skin of some sweet cherry cultivars in relation to fruit cracking[J]. PakistanJournal of Botany, 36(4): 725-731.

Ercisli S, Agar G, Yildirim N, et al. 2011. Genetic diversity in wild sweet cherries (Prunus avium) in Turkey revealed by SSR markers.[J]. Genetics & Molecular Research Gmr, 10(2):1211-1219.

Gong YP, Fan XT, Mattheis J P. 2002. Responses of 'Bing' and 'Rainier' sweet cherries to ethylene and 1-methylcyclopropene[J]. Journal of the American Society for Horticultural Science, 127(5): 831-835.

González-Gómez D, Lozano M, Fernández-León MF, et al. 2010. Sweet cherry phytochemicals: Identification and characterization by HPLC-DAD/ESI-MS in six sweet cherry cultivars grown in Valle del Jerte (Spain)[J]. Journal of Food Composition and Analysis, (23): 533-539.

Gradinariu G, Istrate M, Zlati C, et al. 2007. The National Germplasm Collection and New Sweet Cherry Hybrids in Iasi, Romania[J]. Acta Horticulturae, 760: 439-446.

Gulen H, Ipek A, Ergin S, et al. 2015. Assessment of genetic relationships among 29 introduced and 49 local sweet cherry accessions in Turkey using AFLP and SSR markers.[J]. Journal of Horticultural Science & Biotechnology, 85(5):427-431.

He F, Mu L, Yan GL, et al. 2010. Biosynthesis of anthocyanins and their regulation in colored grapes[J]. Molecules, 15 (12): 9057–9091.

Jiang AL, Tian SP, Xu Y. 2002. Effects of controlled atmospheres with high–O2 concentrations on postharvest physiology and storability of 'Napoleon' sweet cherry[J]. Acta Botanica Sinica, 44(8): 925–930.

Jin W, Wang H, Li M, et al. 2016. The R2R3 MYB transcription factor PavMYB10.1 involves in anthocyanin biosynthesis and determines fruit skin colour in sweet cherry (*Prunus avium* L.) [J]. Plant Biotechnology Journal, 14(11):2120–2133.

Lacis G, Rashal I, Ruisa S, et al. 2009. Assessment of genetic diversity of Latvian and Swedish sweet cherry (*Prunus avium* L.) genetic resources collections by using SSR (microsatellite) markers.[J]. Scientia Horticulturae, 121(4):451–457.

Lepiniec L, Debeaujon I, Routaboul JM, et al. 2006. Genetics and biochemistry of seed flavonoids[J]. Annual Review of Plant Biology, (57): 405–430.

Liu Y, Liu X, Zhong F, et al. 2011. Comparative study of phenolic compounds and antioxidant activity in different species of cherries[J]. Journal of Food Science, 76 (4): C633–C638.

Liu Y, Shen X, Zhao K, et al. 2013. Expression analysis of anthocyanin biosynthetic genes in different colored sweet cherries (*Prunus avium* L.) during fruit development[J]. Journal of Plant Growth Regulation, 32(4):908–908.

Measham P F, Gracie A J, Wilson S J, et al. 2010. Vascular flow of water induces side cracking in sweet cherry (*Prunus avium* L.) [J]. Advances in Horticultural Science, 24(4): 243–248.

Mozetič B, Trebše P, Simčič M, et al. 2004. Changes of anthocyanins and hydroxycinnamic acids affecting the skin colour during maturation of sweet cherries (*Prunus avium* L.) [J]. LWT – Food Science and Technology, 37(1):123– 128.

Sharma M, Jacob J K, Subramanian J, et al. 2010. Hexanal and 1–MCP treatments for enhancing the shelf life and quality of sweet cherry (*Prunus avium* L.)[J]. Scientia Horticulturae, 125(3): 239–247.

Shen X, Zhao K, Liu L, et al. 2014. A role for PacMYBA in ABA–regulated anthocyanin biosynthesis in red–colored sweet cherry cv. Hong Deng (*Prunus avium* L.)[J]. Plant & Cell Physiology, 55(5):862–880.

Simon G. 2006. Review on rain induced fruit cracking of sweet cherries (*Prunus avium* L.) , its causes and the possibilities of prevention[J]. International Journal of Horticultural Science, 12: 27–35.

Struss D, Ahmad R, Southwick S M, et al. 2003. Analysis of sweet cherry (*Prunus avium* L.) cultivars using SSR and AFLP markers[J]. Journal of the American Society for Horticultural Science, 128(6):904–909.

Souza V R, Pereira P A P, Silva T L T, et al. 2014. Determination of the bioactive compounds, antioxidant activity and chemical composition of Brazilian blackberry, red raspberry, strawberry, blueberry and sweet cherry fruits[J]. Food Chemistry, 156: 362–368.

Wei H, Chen X, Zong X, et al. 2015. Comparative transcriptome analysis of genes involved in anthocyanin biosynthesis in the red and yellow fruits of sweet cherry (*Prunus avium* L.)[J]. Plos One, 10(3):e0121164.

Zhu YY, Li Y Q, Xin D D, et al. 2015. RNA–Seq–based transcriptome analysis of dormant flower buds of Chinese cherry (*Prunus pseudocerasus*) [J]. Gene, 555 (2): 362–376.

附录一
各树种重点调查区域

树种	重点调查区域	
	区域	具体区域
石榴	西北区	新疆叶城，陕西临潼
	华东区	山东枣庄，江苏徐州，安徽怀远、淮北
	华中区	河南开封、郑州、封丘
	西南区	四川会理、攀枝花，云南巧家、蒙自，西藏山南、林芝、昌都
樱桃		河南伏牛山，陕西秦岭，湖南湘西，湖北神农架，江西井冈山等；其次是皖南，桂西北，闽北等地
核桃	东部沿海区	辽东半岛的丹东、庄河、瓦房店、普兰店，辽西地区，河北卢龙、抚宁、昌黎、遵化、涞水、易县、阜平、平山、赞皇、邢台、武安、北京平谷、密云、昌平、天津蓟县、宝坻、武清、宁河，山东长清、泰安、章丘、苍山、费县、青州、临朐，河南济源、林州、登封、濮阳、辉县、柘城、罗山、商城，安徽亳州、涡阳、砀山、萧县，江苏徐州、连云港
	西北区	山西太行、吕梁、左权、昔阳、临汾、黎城、平顺、阳泉，陕西长安、户县、眉县、宝鸡、渭北，甘肃陇南、天水、宁县、镇原、武威、张掖、酒泉、武都、康县、徽县、文县，青海民和、循化、化隆、互助、贵德，宁夏固原、灵武、中卫、青铜峡
	新疆区	和田、叶城、库车、阿克苏、温宿、乌什、莎车、吐鲁番、伊宁、霍城、新源、新和
	华中华南区	湖北郧县、郧西、竹溪、兴山、秭归、恩施、建始，湖南龙山、桑植、张家界、吉首、麻阳、怀化、城步、通道，广西都安、忻城、河池、靖西、那坡、田林、隆林
	西南区	云南漾濞、永平、云龙、大姚、南华、楚雄、昌宁、宝山、施甸、昭通、永善、鲁甸、维西、临沧、凤庆、会泽、丽江，贵州毕节、大方、威宁、赫章、织金、六盘水、安顺、息烽、遵义、桐梓、兴仁、普安，四川巴塘、西昌、九龙、盐源、德昌、会理、米易、盐边、高县、筠连、叙永、古蔺、南坪、茂县、理县、马尔康、金川、丹巴、康定、泸定、峨边、马边、平武、安州、江油、青川、剑阁
	西藏区	林芝、米林、朗县、加查、仁布、吉隆、聂拉木、亚东、错那、墨脱、丁青、贡觉、八宿、左贡、芒康、察隅、波密
板栗	华北	北京怀柔，天津蓟县，河北遵化、承德，辽宁凤城，山东费县，河南平桥、桐柏、林州，江苏徐州
	长江中下游	湖北罗田、京山、大悟、宜昌，安徽舒城、广德，浙江缙云，江苏宜兴、吴中、南京
	西北	甘肃南部，陕西渭河以南，四川北部，湖北西部，河南西部
	东南	浙江、江西东南部，福建建瓯、长汀，广东广州，广西阳朔，湖南中部
	西南	云南寻甸、宜良，贵州兴义、毕节、台江，四川会理，广西西北部，湖南西部
	东北	辽宁，吉林省南部
山楂	北方区	河南林县、辉县、新乡，山东临朐、沂水、安丘、潍坊、泰安、莱芜、青州，河北唐山、沧州、保定，辽宁鞍山、营口等地
	云贵高原区	云南昆明、江川、玉溪、通海、呈贡、昭通、曲靖、大理，广西田阳、田东、平果、百色，贵州毕节、大方、威宁、赫章、安顺、息烽、遵义、桐梓
柿	南方	广东五华、潮汕，福建安溪、永泰、仙游、大田、云霄、莆田、南安、龙海、漳浦、诏安，湖南祁阳
	华东	浙江杭州，江苏邳县，山东菏泽、益都、青岛
	北方	陕西富平、三原、临潼，河南荥阳、焦作、林州，河北赞皇，甘肃陇南，湖北罗田
枣	黄河中下游流域冲积土分布区	河北沧州、赞皇和阜平，河南新郑、内黄、灵宝，山东乐陵和庆云，陕西大荔，山西太谷、临猗和稷山，北京丰台和昌平，辽宁北票、建昌等
	黄土高原丘陵分布区	山西临县、柳林、石楼和永和，陕西佳县和延川
	西北干旱地带河谷丘陵分布区	甘肃敦煌、景泰，宁夏中卫、灵武，新疆喀什

树种	重点调查区域	
	区域	具体区域
李	东北区	黑龙江，吉林，辽宁，内蒙古东部
	华北区	河北，山东，山西，河南，北京，天津
	西北区	陕西，甘肃，青海，宁夏，新疆，内蒙古西部
	华东区	江苏，安徽，浙江，福建，台湾，上海
	华中区	湖北，湖南，江西
	华南区	广东，广西
	西南及西藏区	四川，贵州，云南，西藏
杏	华北温带区	北京，天津，河北，山东，山西，陕西，河南，江苏北部，安徽北部，辽宁南部，甘肃东南部
	西北干旱带区	新疆天山、伊犁河谷、甘肃秦岭西麓、子午岭、兴隆山区，宁夏贺兰山区，内蒙古大青山、乌拉山区
	东北寒带区	大兴安岭、小兴安岭和内蒙古与辽宁、吉林、华北各省交界的地区，黑龙江富锦、绥棱、齐齐哈尔
	热带亚热带区	江苏中部、南部，安徽南部，浙江，江西，湖北，湖南，广西
	西南高原区	西藏芒康、左贡、八宿、波密、加查、林芝，四川泸定、丹巴、汶川、茂县、西昌、米易、广元，贵州贵阳、惠水、盘州、开阳、黔西、毕节、赫章、金沙、桐梓、赤水，云南呈贡、昭通、曲靖、楚雄、建水、永善、祥云、蒙自
猕猴桃	重点资源省份	云南昭通、文山、红河、大理、怒江，广西龙胜、资源、全州、兴安、临桂、灌阳、三江、融水，江西武夷山、井冈山、幕阜山、庐山、石花尖、黄岗山、万龙山、麻姑山、武功山、三百山、军峰山、九岭山、官山、大茅山，湖北宜昌，陕西周至，甘肃武都，吉林延边
梨	辽西京郊地区	辽宁鞍山、海城、绥中、盘山，京郊大兴、怀柔、平谷、大厂
	云贵川地区	云南迪庆、丽江、红河、富源、昭通、思茅、大理、巍山、腾冲，贵州六盘水、河池、金沙、毕节、赫章、威宁、凯里，四川乐山、会理、盐源、昭觉、德昌、木里、阿坝、金川、小金、江油、汉源、攀枝花、达川、简阳
	新疆、西藏地区	库尔勒、喀什、和田、叶城、阿克苏、托克逊、林芝、日喀则、山南
	陕甘宁地区	延安、榆林、庆阳、张掖、酒泉、临夏、甘南、陇西、武威、固原、吴忠、西宁、民和、果洛
	广西地区	凭祥、百色、浦北、灌阳、灵川、博白、苍梧、来宾
桃	西北高旱区	新疆，陕西，甘肃，宁夏等地
	华北平原区	位于淮河、秦岭以北，包括北京、天津、河北大部、辽宁南部、山东、山西、河南大部、江苏和安徽北部
	长江流域区	江苏南部、浙江、上海、安徽南部、江西和湖南北部、湖北大部及成都平原、汉中盆地
	云贵高原区	云南、贵州和四川西南部
	青藏高原区	西藏、青海大部、四川西部
	东北高寒区	黑龙江海伦、绥棱、齐齐哈尔、哈尔滨，吉林通化和延边延吉、和龙、珲春一带
	华南亚热带区	福建、江西、湖南南部、广东、广西北部
苹果	东北区	辽宁铁岭、本溪，吉林公主岭、延边、通化，黑龙江东南部，内蒙古库伦、通辽、奈曼旗、宁城
	西北区	新疆伊犁、阿克苏、喀什，陕西铜川、白水、洛川，甘肃天水，青海循化、化隆、尖扎、贵德、民和、乐都，黄龙山区、秦岭山区
	渤海湾区	辽宁大连、普兰店、瓦房店、盖州、营口、葫芦岛、锦州，山东胶东半岛、临沂、潍坊、德州，河北张家口、承德、唐山、北京海淀、密云、昌平
	中部区	河南、江苏、安徽等省的黄河故道地区，秦岭北麓渭河两岸的河南西部、湖北西北部、山西南部
	西南高地区	四川阿坝、甘孜、凤县、茂县、小金、理县、康定、巴塘，云南昭通、宣威、红河、文山，贵州威宁、毕节，西藏昌都、加查、朗县、米林、林芝、墨脱等地
葡萄	冷凉区	甘肃河西走廊中西部，晋北，内蒙古土默川平原，东北中北部及通化地区
	凉温区	河北桑洋河谷盆地，内蒙古西辽河平原，山西晋中、太古，甘肃河西走廊、武威地区，辽宁沈阳、鞍山地区
	中温区	内蒙古乌海地区，甘肃敦煌地区，辽南、辽西及河北昌黎地区，山东青岛、烟台地区，山西清徐地区
	暖温区	新疆哈密盆地，关中盆地及晋南运城地区，河北中部和南部
	炎热区	新疆吐鲁番盆地、和田地区、伊犁地区、喀什地区、黄河故道地区
	湿热区	湖南怀化地区，福建福安地区

附录二
各省（自治区、直辖市）主要调查树种

Cerasus

区划	省（自治区、直辖市）	主要落叶果树树种
华北	北京	苹果、梨、葡萄、杏、枣、桃、柿、李
	天津	板栗、李、杏、核桃
	河北	苹果、梨、枣、桃、核桃、山楂、葡萄、李、柿、板栗、樱桃
	山西	苹果、梨、枣、杏、葡萄、山楂、核桃、李、柿
	内蒙古	苹果、枣、李、葡萄
东北	辽宁	苹果、山楂、葡萄、枣、李、桃
	吉林	苹果、板栗、李、猕猴桃、桃
	黑龙江	苹果、板栗、李、桃
华东	上海	桃、李、樱桃
	江苏	桃、李、樱桃、梨、杏、枣、石榴、柿、板栗
	浙江	柿、梨、桃、枣、李、板栗
	安徽	梨、桃、石榴、樱桃、李、柿、板栗
	福建	葡萄、樱桃、李、柿子、桃、板栗
	江西	柿、梨、桃、李、猕猴桃、杏、板栗、樱桃
	山东	苹果、杏、梨、葡萄、枣、石榴、山楂、李、桃、板栗
华中	河南	枣、柿、梨、杏、葡萄、桃、板栗、核桃、山楂、樱桃、李
	湖北	樱桃、柿、李、猕猴桃、杏树、桃、板栗
	湖南	柿、樱桃、李、猕猴桃、桃、板栗
华南	广东	柿、李、杏、猕猴桃
	广西	樱桃、李、杏、猕猴桃
西南	重庆	梨、苹果、猕猴桃、石榴、板栗
	四川	梨、苹果、猕猴桃、石榴、桃、板栗、樱桃
	贵州	李、杏、猕猴桃、桃、板栗
	云南	石榴、李、杏、猕猴桃、桃、板栗
	西藏	苹果、桃、李、杏、猕猴桃、石榴
西北	陕西	苹果、杏、枣、梨、柿、石榴、桃、葡萄、樱桃、李、板栗
	甘肃	苹果、梨、桃、葡萄、枣、杏、柿、李、板栗
	青海	苹果、梨、核桃、桃、杏、枣
	宁夏	苹果、梨、枣、杏、葡萄、李、板栗
	新疆	葡萄、核桃、梨、桃、杏、石榴、李

Cerasus

附录三
工作路线

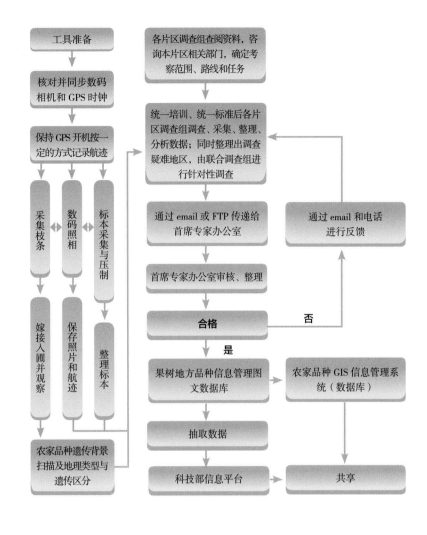

Cerasus

附录四
工作流程

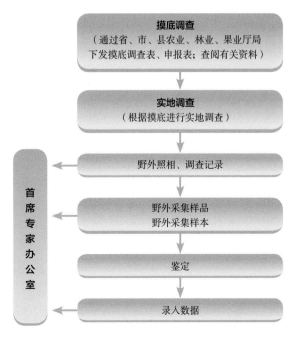

樱桃品种中文名索引

樱桃品种调查编号索引